高卓鹏的简单摄影课

从小白到高手简明摄影教程

蜂鸟微课堂

蜂鸟网　主编
高卓鹏　著

人 民 邮 电 出 版 社
北　京

图书在版编目（CIP）数据

高卓鹏的简单摄影课 ： 从小白到高手简明摄影教程 / 蜂鸟网主编 ； 高卓鹏著. -- 北京 ： 人民邮电出版社, 2020.5
ISBN 978-7-115-52194-1

Ⅰ. ①高… Ⅱ. ①蜂… ②高… Ⅲ. ①数字照相机－单镜头反光照相机－摄影技术 Ⅳ. ①TB86②J41

中国版本图书馆CIP数据核字(2019)第226684号

内 容 提 要

近年来，学习摄影入门的“小白”越来越多，面对艰涩难懂的摄影术语、理论和相机操作要领，让他们望而却步。本次蜂鸟网微课堂人气讲师高卓鹏特别针对摄影初学者在摄影学习实践方面的需求撰写了本书。他结合自己在蜂鸟网微课堂的课程以平实的话语和浅显的案例由浅入深地讲述了摄影基础技术。读者在学习本书的过程中，还可以选修作者在蜂鸟网微课堂的课程，从而加深对摄影技术的理解。

本书不仅讲述了如何选择数码单反相机、镜头，还对曝光、测光、白平衡等基础理论和相机设置的重要参数进行了彻底地剖析，并且结合实际案例对摄影光线、构图、风光摄影和人像摄影拍摄技巧、创意摄影实战等进行了清晰的讲解，让大家能够轻松而系统地学习摄影。

本书通俗易懂，适合摄影初学者学习参考。

◆ 主　　编　蜂鸟网
　著　　　　高卓鹏
　责任编辑　胡　岩
　责任印制　周昇亮
◆ 人民邮电出版社出版发行　　北京市丰台区成寿寺路 11 号
　邮编　100164　　电子邮件　315@ptpress.com.cn
　网址　https://www.ptpress.com.cn
　北京东方宝隆印刷有限公司印刷
◆ 开本：690×970　1/16
　印张：13　　　　2020 年 5 月第 1 版
　字数：374 千字　　2020 年 5 月北京第 1 次印刷

定价：69.00 元

读者服务热线：(010)81055296　印装质量热线：(010)81055316
反盗版热线：(010)81055315
广告经营许可证：京东工商广登字 20170147 号

前言

给摄影初学者的忠告

大家在初学摄影的时候，可能会觉得，哇，器材真的好重要，人家拍得好是因为器材好，我拍得不好是因为我的器材不好。其实这些都是在找借口，你不好好学习摄影知识和技巧，反而抱怨器材，这就完蛋了。打个比方，给你一台世界上最棒的烤箱，你就能瞬间成为烘焙大师吗，可能吗？当然不可能。

同样的道理，你说 APS-C 画幅相机差，全画幅套机镜头也不好，其实，我真的特别想看看大家的作品，是不是真的已经到了器材局限了你的创作这个程度。很多同学连一张像样的作品都没有，天天发一些随手拍，构图也不用心，光影也不讲究，就在小区里面瞎转悠，拍不出来好照片，还抱怨自己的相机不好。这样的同学，请扪心自问，就是给你一套价值 20 万元的相机和镜头，又能怎样呢？

所以说，对于器材的依赖，其实是心态的问题。你去网上搜搜看，人家用同样的相机、同样的镜头，拍出来的照片效果怎么样。你会觉得，哇，人家为什么能拍得这么好，器材都一样，为什么我就拍得这么渣？为什么，咱们来总结一下，听好了：因为你懒啊！你懒得学、懒得拍、懒得走出去、懒得等待、懒得起早贪黑、懒得请教、懒得做后期处理、懒得总结。人家凌晨 3 点起床背着沉重的器材爬上山顶等着拍日出，你却在睡觉，仅此而已，跟器材有关系吗？

大家觉得高老师话说得重了点，但事实的确是这样，你给一个很棒的摄影师一套最简单的摄影器材，人家也能拍出大片，而你花费不菲买了一支顶级镜头之后，估计就只会百分百放大之后“数毛”，并且赞叹，看！这镜头真牛！每根眉毛都是清晰的，然后呢？器材要是干这个用的，同学，你买个显微镜岂不更好？

器材重要吗？重要。但器材是摄影的全部吗？并不是。器材只是工具，就像画家的画笔一样，画出传世名画，跟这根笔是木质的还是白金镶钻的并没有任何关系。

反正，高老师字写得不好，你给我一支万宝龙最贵的钢笔，我也写不出漂亮的字。

以上，与君共勉。

目录

第 1 章　选购器材的正确思路

第 2 章　如何控制曝光

第 3 章　自动测光模式详解

第 4 章　如何控制对焦

第 5 章　如何控制白平衡

第 6 章　其他重要参数详解

第 7 章　有用的附件有哪些

目录

第 1 章　选购器材的正确思路

1. 根据预算来，镜头更重要

就跟买车一样，你有多少预算，就只能买对应的车，比如你有 10 万元预算，就别看奔驰、宝马、法拉利啦，那玩意儿是好，但除了让你心痒痒，没什么好处。相机也是一样的，旗舰机型的确好，但贵啊，而且最重要的问题是，贵出来的这部分性能，你可能还用不到，这就不太值了。

所以，购买摄影器材，你得根据预算来，并且记住一个原则——镜头更重要。笔者建议你把更多的预算放在购买镜头上，而不是紧巴巴地买个相对不错的机身，配个“狗头”（素质不好的低端镜头），这样肯定不容易出片。

套机镜头通常被戏称为“狗头”，例如佳能 APS-C 相机的 18-55mm f/3.5-5.6 套机镜头

高素质镜头价格通常比较贵，称为“牛头”，例如佳能 24-70mm f/2.8L 红圈镜头

——不同预算怎么选

如果你有 2000 元，同学，你再攒攒，咱们别着急，手机拍照效果其实也挺好。

如果你有 5000 元，老老实实买个入门级的单反或者微单套机，对于学习摄影而言，足够了。虽然套头不怎么好吧，但咱们可以慢慢攒钱升级“牛头”嘛。

5000 元左右就能买到性能不错的 APS-C 套机：佳能 750D、尼康 D5600、索尼 α6300

如果你有 10000 元，这就比较尴尬了，你看，目前入门级的全画幅相机单机六七千元就能买，

但你就没办法买支好镜头了。要么，上个中端的 APS-C 套机，再买个便宜又大腕的 50mm f/1.8 这样的镜头，你看，套机镜头广角、长焦都能拍，但光圈相对较小的缺点就补齐了，人像虚化没问题，室内暗光没问题，风光旅游也不错。

如果你预算再充足一些，就不用考虑 APS-C 了，全画幅是唯一选择，推荐入门级套机，再来一支 35mm 或者 50mm 定焦镜头，f/1.4 如果超预算了，就买 f/1.8，特别好。

全画幅也分等级，也有相对便宜的“入门级”全画幅套机：佳能 6D Mark II、尼康 D750、索尼 α7 II

“老师老师，我不差钱，怎么选？”对于这样的同学，嗯，中高端全画幅单反或者微单随便买，再配一堆镜头，也是可以的，高老师不拦你。

全画幅的中端主力机型：佳能 5D Mark IV（5D4）、尼康 D810、索尼 α7R II

全画幅旗舰机型：佳能 1DX Mark II、尼康 D5、索尼 α9

再次提醒，对于摄影的结果而言，镜头远远比机身重要，而且镜头比较保值，以后升级了镜头，二手转卖不会那么心疼。就拿高老师自己来说，全画幅相机都挺好，即便入门级全画幅相机，也能满足我对画质的严苛要求，而镜头则不同，我会尽可能选择高素质的镜头。

最后需要强调，相机和镜头远比大家想象的皮实，别用得那么精贵，这玩意儿就是工具而已，不需要供着，只要你别摔，或者掉海里，日常用基本不会坏。

2. 全画幅、APS-C 画幅有什么区别

这个问题，高老师被问及无数次，全画幅和 APS-C 画幅有什么区别， 我到底该买哪个，这应该是选购器材的时候，初学者最大的困扰。下面，我们就来掰开揉碎了说说。

——传感器大小对比

首先，全画幅和 APS-C 相机的核心区别在于传感器的大小，如图所示。

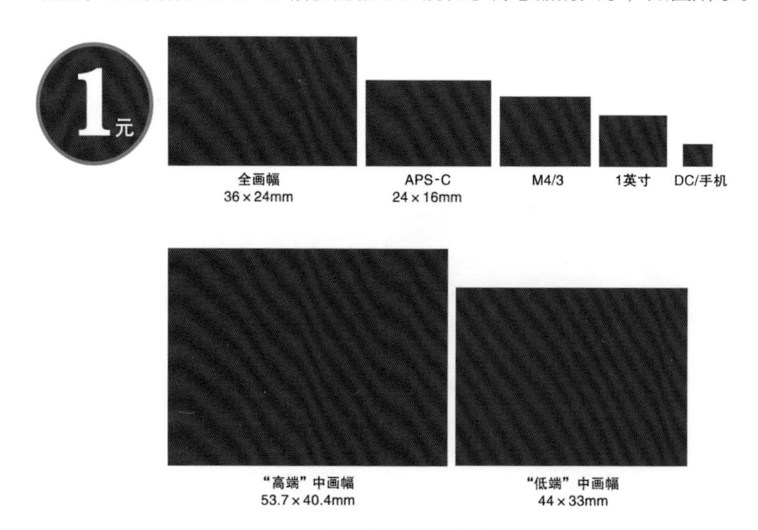

不同规格传感器的大小对比

全画幅与 APS-C 相机传感器大小的实机对比

你看，全画幅相机所使用的传感器比 APS-C 的大，大多少呢，大概一块全画幅的中央劈两半，就是两块 APS-C 的了，所以，APS-C 也叫半画幅、截幅、甚至被贬称为“残幅”。

——传感器大小的影响

那传感器大小有什么影响呢？咱们依然来总结一下。

（1）通常情况下，传感器越大，画质越好，相机价格也越贵。

（2）同一支镜头，比如 50mm F1.4，在全画幅上就是 50mm F1.4，但在 APS-C 上，就得乘以一个“镜头等效系数”，通常是 1.5（佳能比较独特，是 1.6），50mm F1.4 就变成了 75mm F1.4。而相对小众的 4/3 系统机型，如奥林巴斯或者松下的机型，镜头等效系数是 2，想要获得 50mm 的标准镜头视角，你需要购买 25mm 焦段的镜头。

同焦距镜头，在全画幅 /APS-C 上的视角对比

APS-C 的视角，相当于从全画幅中央部分裁切

所以，如果你对画质有更高的要求，又希望拥有更广的视角，那肯定优先选择全画幅相机，这样你就不用纠结等效焦距这事儿了。

——APS-C 的独特优势

但是，APS-C 就真的一无是处吗，其实不是的。虽然使用广角镜头会比较吃亏，比如 16-35mm 镜头在 APS-C 上就没有 16mm 这么广了（等效约为 24-52.5mm），但话分两面说，长焦方面，APS-C 反而占尽优势，你看，300mm 的长焦镜头，全画幅上就是 300mm，但放到 APS-C 上，就变成 450mm 了，能拍得更远。所以，对于野生动物爱好者或者喜欢拍鸟的玩家而言，选一款高端的 APS-C 相机反而更好。

同样的原理，APS-C 在远摄方面有先天优势

APS-C 相机可以把远处的野生动物拍得更大

最后需要注意的是，在镜头的选购方面，我们也需要考虑镜头的通用性。大家记住，全画幅镜头，既可以安装在全画幅相机上，也可以安装在 APS-C 相机

上使用；而 APS-C 专用镜头，则只能安装在 APS-C 相机上，不可以安装到全画幅相机上使用，即便可以安装，由于镜头像场较小的缘故，拍出来画面四周也都是黑的。这一点大家在购买镜头的时候需要注意。

3. 镜头应该怎么选

对于初学者而言，往往喜欢一镜走天下，想要一支镜头什么都能拍，厂商为了迎合大家的这种需求，的确推出了很多诸如 18-200mm、28-300mm 这样的大变焦比镜头。但是，高老师并不推荐大家买这样的镜头，因为这类镜头画质往往不太好，光圈也比较小，简单地说就是什么都能拍，但效果一般。通常变焦比在 3 倍左右的镜头，画质会更好。

那如何选镜头才对呢，首先，我们得想清楚自己的需求。对于初学者而言，高老师的推荐是购买套机，在套机镜头的基础之上，另外添置一支 35mm 或者 50mm 的大光圈定焦镜头。这就足够了。因为套机镜头往往是变焦镜头，通常会覆盖广角到中长焦端，意思就是远近都能拍，非常方便，能够胜任各种拍摄需求，但大家发现没，这类套机镜头有一个缺点，就是光圈不够大，拍人像的时候，不太容易虚化背景，而且在弱光环境下，比如夜景、室内拍摄的时候，容易拍虚。所以呢，在此基础之上，添置一支 35mm 或者 50mm 的大光圈定焦镜头，形成互补的关系，就什么都能拍了。

图为尼康 28-300mm F3.5-5.6G ED VR，变焦比超过 10 倍，典型的“一镜走天下”镜头，旅游其实还蛮方便的

高老师强烈推荐的 50mm F1.8 镜头，各品牌都有，价格便宜光圈大，光学素质佳

图为尼康 70-200mm F2.8E FL ED VR，变焦比不到 3 倍，画质非常好

——镜头的核心参数

再说深一些，对于镜头而言，核心的参数大概有以下几个。

（1）光圈的大小：影响进光量和背景虚化效果，具体原理，稍后章节会详细讲。另外，光圈大小对镜头的价格有着决定性的影响，同时决定镜头的等级，以佳能的 3 支 50mm 定焦镜头为例，请看下图。

定位	入门	中端	高端
型号	50mm F1.8	50mm F1.4	50mm F1.2
长这样			
最大光圈	F1.8	F1.4	F1.2

最大光圈的大小不同，价格差距是非常巨大的

（2）焦距：视角的宽广程度。焦距的单位是 mm（毫米），数字越小，拍得越广，数字越大，拍得越远。

（3）防抖：提高手持拍摄的成功率。

（4）画质：要解释清楚这个概念可能要写一本书，大家只需要记得，定焦镜头画质往往比变焦镜头好，贵的镜头画质肯定不差这两个原则就好了。

——选变焦镜头还是定焦镜头

至于到底选变焦镜头还是定焦镜头，请记住一句话就好了：变焦镜头方便，定焦镜头通常画质更好而且光圈更大。

另外，对于变焦镜头而言，还分为恒定光圈镜头和非恒定光圈镜头，这俩有什么区别呢?

（1）18-55mm F3.5-5.6，你看，焦距后面的光圈是 F3.5 到 5.6，意思是这个镜头在 18mm 广角端时，最大光圈是 F3.5；变焦到 55mm 长焦端时，最大光圈就变了，就缩小为 F5.6 了，这种最大光圈会根据焦距而改变的镜头，就叫非恒定光圈镜头。

（2）24-70mm F2.8，你看，焦距后面光圈就一个 F2.8，意思就是这镜头在整个焦段范围内，最大光圈保持 F2.8 不变，这样的镜头，就叫恒定光圈镜头。通常高端变焦镜头是恒定光圈镜头。

好了，镜头怎么选，大概咱们就讲清楚了，其实主要是看预算，不用太纠结。

4. 不同焦距与光圈的区别

——不同焦距拍摄效果的区别

之前说过，镜头焦距越短，拍得越广，焦距越长，拍得越远。按照焦距的长短，通常我们把镜头划分为三类，即广角镜头、标准镜头（也叫中焦镜头）和长焦镜头。

广角	标准（中焦）	长焦
小于35mm	35mm、50mm	大于70mm
风光大场景、室内狭小空间	纪实、人像、静物等	人像、动物、远处局部风光
20mm样片	35mm样片	400mm样片

焦距不同，适合拍摄的主题也不一样

其实广角、标准、长焦镜头并没有明确的界定，这个不用跟高老师争论，知道大概是这么区分的就好了。更重要的问题其实是，对于不同焦距镜头的应用场景，很多同学其实有着错误的认知，举个最经典的例子，很多同学认为，拍摄风光必须得用广角镜头，这是不对的，其实在空旷的场景，比如海边、沙漠或者草原，用长焦镜头拍摄远处的局部反而更好出片；而在空旷的地方，用广角镜头拍照会显得很“空旷”。

——什么是“大三元”镜头

各家的广角、标准、长焦镜头都很多，怎么选呢，大家听过一个词叫“大三元”么？指的是三支经典的变焦镜头，佳能的“大三元”镜头如下图所示。

广角变焦镜头	标准变焦镜头	长焦变焦镜头
EF 16-35mm f/2.8L III USM	EF 24-70mm f/2.8L II USM	EF 70-200mm f/2.8L IS II USM
完整涵盖16-200mm，并且整个焦段最大光圈均为恒定F2.8		

佳能的“大三元”镜头

为什么叫“大三元”呢？你看，这三支镜头完整地覆盖了 16mm 超广角到 200mm 长焦的范围，并且整个焦段最大光圈均为恒定 F2.8，所以，如果有镜头选择障碍，并且预算不是问题的同学，买这三支镜头就齐活儿了，什么都能拍了。

当然了，如果你觉得 200mm 还不够，也可以选择焦距更长的超长焦镜头，比如 400mm 或者 600mm。但如果预算有限，听高老师一句劝，套机镜头 + 一支 35mm 或者 50mm 大光圈定焦镜头，足够了。

——广角焦距差异更明显

70-200mm的200mm端拍摄　　100-400mm的400mm端拍摄

需要说明的是，长焦端焦距更长一些，其实效果差距并不太明显，你看，都差了 200mm，这荷花也才只大了一点点。但广角端不同，哪怕几毫米的区别，这宽广程度可是天差地别，比如 11mm 比 16mm 只差了 5mm 而已，但效果真的是完全不一样。

左侧 11mm，右侧 16mm，差别很大

——不同光圈拍摄效果的区别

至于光圈大小的区别，主要有两个方面：一是进光量，二是虚化效果。后续讲曝光三要素时会详细讲，这里大家只需要知道，大光圈镜头通常比较贵就行了。

如何控制曝光

1. 曝光的 5 种结果

不管你用什么相机，什么镜头，拍出来的照片就曝光的结果而言不外乎有以下 5 种。

曝光的 5 种不同结果

（1）死黑：照片几乎全黑，主要原因可能是你忘了取镜头盖。

（2）欠曝：照片偏暗，说明曝光不足。

（3）曝光正常：照片亮度刚好合适，说明曝光正确。

（4）过曝：照片太亮了，说明曝光过度。

（5）死白：照片几乎全白，说明已经严重过曝了。

——曝光原理解析

为什么会出现这 5 种情况呢？首先，我们需要知道曝光的原理。对于数码相机而言，曝光的原理如下。

（1）光线通过镜头到达传感器，传感器感光，并通过数字信号把照片存储并显示出来。

（2）如果进入传感器的光太少，传感器就不能充分曝光，最终照片就显得偏暗或者死黑。

（3）如果进入传感器的光过多，传感器就会“过载”，最终照片就显得太亮或者死白。

——过曝就一定是错误吗

需要注意，不是说一张看上去整体过曝的照片就一定是错误的。很多高调的逆光照片背景往往很亮，甚至大面积过曝，对于这类照片，我们需要看照片的主体曝光是否合理，比如下页的这张照片，看上去整体是过曝的，特别亮，但单看人物脸部的曝光其实是正确的，整体效果也非常棒。所以具体情况需要具体分析，不是说过曝就一定错，主要看你想要的风格，以及只关注最重要的主体曝光是否正确即可。

高调的逆光人像，通常背景是过曝的

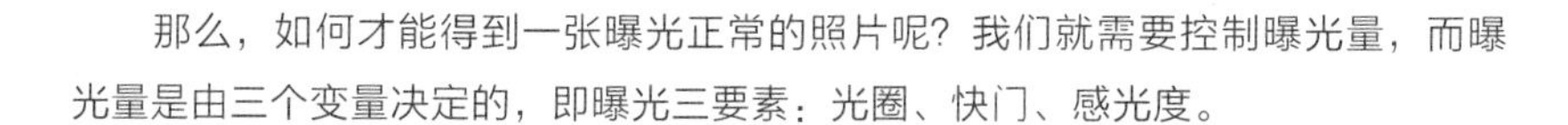

那么，如何才能得到一张曝光正常的照片呢？我们就需要控制曝光量，而曝光量是由三个变量决定的，即曝光三要素：光圈、快门、感光度。

2. 曝光三要素详解

——曝光三要素

大家记住，不管是什么相机，不管菜单设置多么复杂，决定曝光结果的要素只有三个：光圈、快门、感光度。这三个变量都能控制曝光的结果，也就是照片的明亮程度。但从原理来说，感光度与光圈和快门又有少许不同。

（1）光圈和快门是通过控制到达传感器光线的数量来影响曝光（到达传感器的光线越少照片越暗，到达传感器的光线越多照片越亮）。

（2）感光度（即 ISO）则是控制传感器对光线的敏感程度（进光量相同，感光度越高，传感器就越敏感，照片就越亮）。

——用水龙头举例

不太好理解对不对，那我们来举个例子。

把光圈和快门想象成是水龙头，我们用杯子接水。

（1）光圈，就是镜头中间通过光线的孔，这个孔越大，通光量就越大，相当于水龙头开得越大，水就哗哗往外流；小光圈镜头的通光孔小，相当于水龙头开得很小，水就慢慢往下滴。

（2）快门，即快门速度，严谨的说法应该叫曝光时长，可以理解为光线通过镜头到达传感器的时长，相当于水龙头的开启时间，你开启的时间越长，接的水就越多，即被传感器接收到的光量越多。

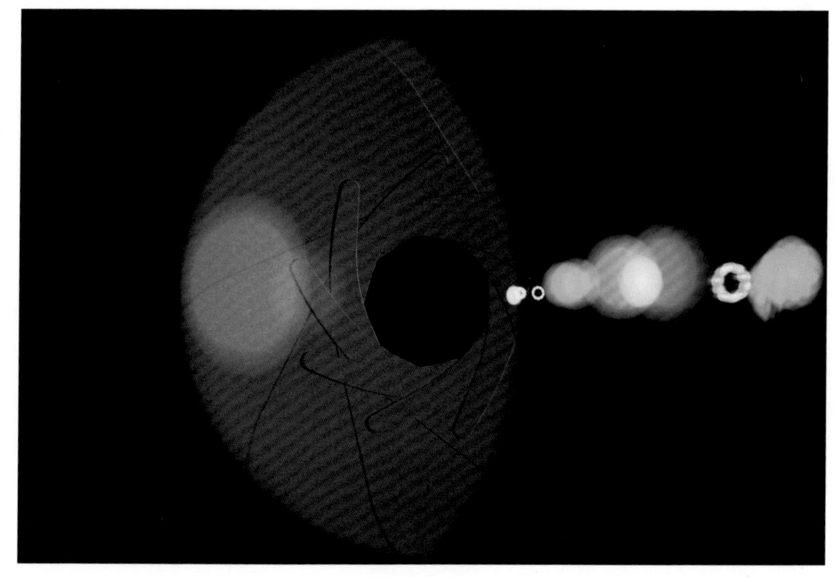

镜头光圈特写

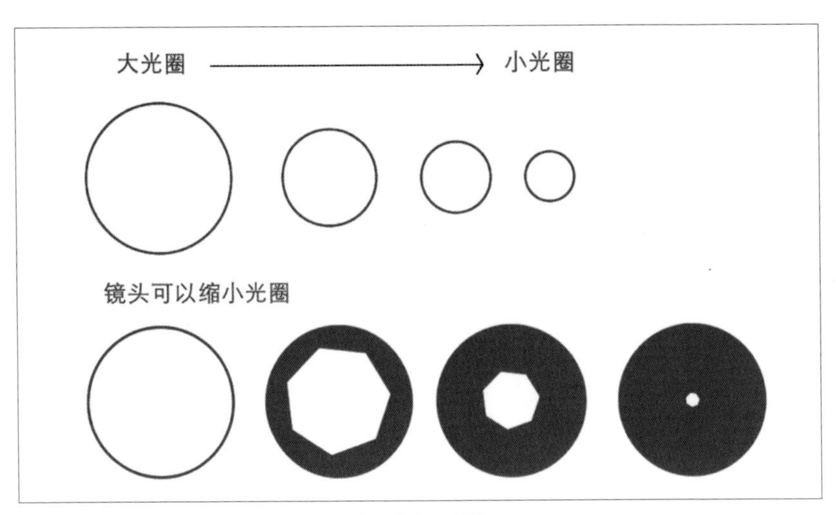

光圈大小示意图

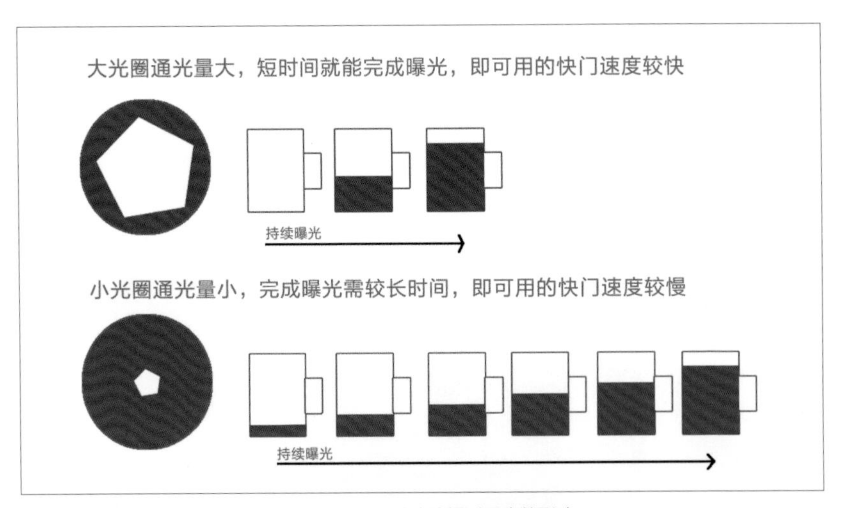

光圈大小与快门速度快慢对曝光的影响

——把光圈想象成瞳孔

镜头的光圈是由多个光圈叶片组成的，可以像人的瞳孔一样收缩和放大，以此来控制通光量。

一个镜头最大光圈是固定的，比如 F2.8 或 F1.4，相当于这个水龙头开到最大，但你没办法继续开得更大。但几乎每个镜头的光圈都是可以缩小的，比如你可以把光圈调小到 F8、F11 等更小光圈，进光量自然就变小了。

——感光度如何理解

明白了光圈和快门控制曝光的原理，那我们再来说说感光度，上面说到，感光度控制传感器对光线的敏感程度，即：

（1）感光度越高，传感器对光线就越敏感，在光线不充足的情况下也能快速曝光；

（2）感光度越低，传感器对光线越不敏感，在光线不充足的情况下曝光时间较长。

举个例子，下面这两张照片，光圈和快门都一样，即进光量完全相同，只是感光度不同。

感光度比较低，传感器对光线不敏感，由于当时环境比较暗，光线不充足，所以曝光就有些不足

那就把感光度调高一些，传感器就更敏感了，即便光线不充足，也能拍出明亮的照片

——感光度是不是越高越好

有的同学可能会说："感光度是个好东西啊，晚上或者室内光线不足，提高感光度就可以了嘛！"那么，问题来了，感光度是不是越高越好呢?

不是的，感光度越高，虽然对光线越敏感，但有得必有失，付出的代价是画质会变差，具体表现就是画面中的颗粒会增多，即噪点增多，色彩和细节表现力会降低。打个比方，听收音机时如果太小声听不清楚，我们调大音量就能听清楚了，但是音量调大之后，"滋滋滋"的底噪声也会随之变大，音质就不是那么好了。感光度也是这个意思。

低感光度与高感光度画质的区别

目前的相机，高感画质是越来越好了，感光度也是越来越高，最高已经能达到了恐怖的 ISO 3000000。其实，高老师觉得标这么高，更多是营销的手段，吸引眼球用的，高是高了，但拍出来画质太差，也是没有实际意义的。目前，在保证相对较好画质的前提下，APS-C 机型的感光度建议不超过 ISO 3200，全画幅机型的感光度建议不超过 ISO 6400。当然，对于那些专为高感画质而生的低像素机型，其可用感光度可以再高一些。

另外，话分两面说，有的时候，画质并不重要，拍到了，拍清楚了，甚至能看到人影就算成功，这种情况下，感光度请随意设置。

3. 整挡曝光详解

——整挡曝光的概念

知道了光圈、快门、感光度各自的原理和作用，那么应该如何精细控制曝光呢？首先，我们还得知道整挡曝光的概念。

整挡曝光的效果展示

整挡曝光的单位是"EV"，曝光相差 1EV，意思就是画面的亮度相差一倍，可以理解为是亮一倍或者暗一倍。

下面，我们来说个简单的实验：

（1）将相机放到桌子上固定不动；

（2）调整为 P 挡，就是程序自动挡；

（3）找到相机的曝光补偿并调整，以 -2、-1、0、+1、+2 分别拍摄 5 张同场景照片。

你会发现，你拍摄的这 5 张照片的明亮程度差别，跟上图所示的差不多。另外，找不到曝光补偿在哪儿，或者不知道怎么调的同学，请把相机说明书拿出来，或者网上下载一个电子版说明书。（同学们，说明书很重要，如果都不知道怎么操作相机，那你怎么拍呢？）

知道了整挡的概念，曝光就有了标尺，同时，整挡的概念对于光圈、快门、感光度也是通用的。

——整挡光圈

光圈的大小用 F 值表示，比如 F1.4、F5.6。切记，F 值越小，光圈越大。相邻两个整挡光圈，比如 F1.4 和 F2，F1.4 的进光量要比 F2 大一倍，如果快门速度和感光度保持不变，用 F1.4 拍出来的照片，就会比 F2 亮一倍。同时，光圈除了整挡放大、缩小之外，绝大部分相机还支持 1/3 挡精细调节。

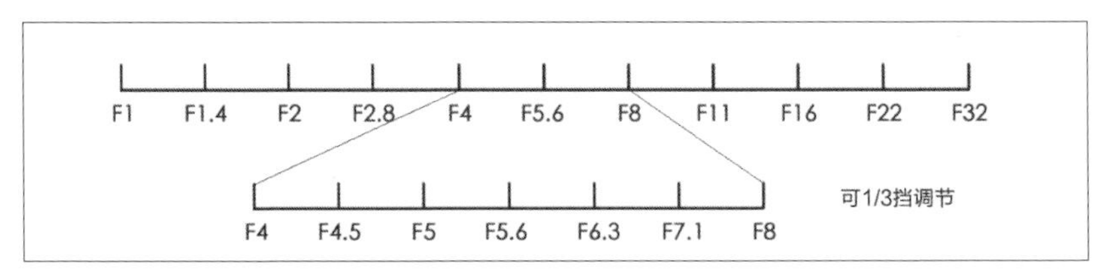

整挡及 1/3 挡光圈

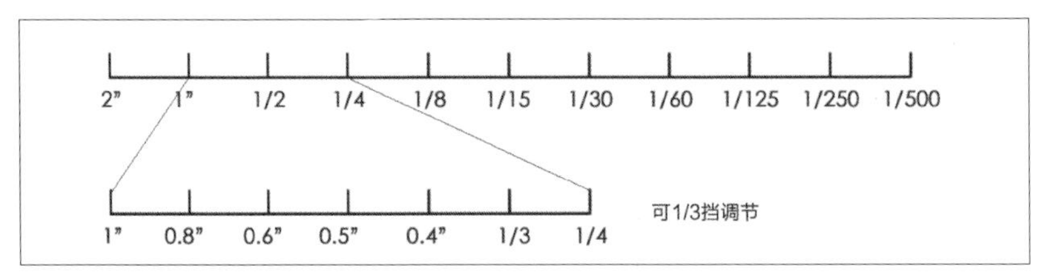

整挡及 1/3 挡快门速度

——整挡快门速度

快门速度的单位是秒。整挡快门速度相对比较好理解，你想啊，曝光时间从 1 秒变成 2 秒，进光量必定是多一倍，曝光结果自然就会亮一倍。目前相机在普通状态下，快门速度最慢能达到 30 秒，最快能达到 1/4000 秒或 1/8000 秒。如果想要快门速度比 30 秒更慢，就得用相机的 B 门模式配合快门线来实现，想 1 分钟就 1 分钟，即便想曝光 1 小时也是没问题的。

——整挡感光度（ISO）

当感光度为 ISO 200 时，传感器对光线的敏感程度就会比 ISO 100 提升了一倍，曝光的结果也就亮了 1EV。当然了，感光度也是可以 1/3 挡精细调整的。

ISO　100　200　400　800　1600　3200　6400　12800　25600　51200 ……

整挡感光度

——一个结果可由 N 种组合实现

好，知道了曝光、光圈、快门速度、感光度都有整挡的概念之后，你会发现，想要实现一个固定的曝光结果，可以有很多种不同的参数设置：

感光度	光圈	快门速度
ISO 100	F4	1/100s
ISO 200	F4	1/200s
ISO 200	F5.6	1/100s

三组不同的参数，最终的曝光结果都一样

这三种不同的光圈、快门速度、感光度参数组合，得到的曝光结果是完全一致的，也就是说照片的亮度是完全一致的。拿表格中的第二组参数来说，感光度从 ISO 100 提升了一挡至 ISO 200，但快门速度从 1/100s 加快了一挡至 1/200s，这一正一负刚好抵消，所以曝光结果是相同的。至于第三组参数，大家可以自己想想。

想明白之后，大家可能又会有新的疑问——这么多参数组合，我是随意设置就行，还是有更深的“套路”？

4. 我该用多大的光圈拍照

既然各种参数组合都能得到同一个曝光结果，那我应该是把光圈调大点呢，还是把快门再快点呢？这个的确是有套路的。而套路就是根据拍摄的需求来定。有同学说了，高老师，你这说了跟没说一样啊。

其实，光圈、快门这两个要素，除了控制曝光之外，还有一些“特殊效果”。在回答上面这个问题之前，我们先来详细说说这两个要素到底还有什么“特效”。

——光圈的“特效”之背景虚化

大光圈除了进光量大，在光线昏暗的室内或者夜晚也能手持拍摄之外，还有一个非常重要的特效，就是浅景深效果，也就是拍人像经常提到的“背景虚化”效果。

比如下图这个背景花哨的场景，如果用小光圈拍（如 F11），整个画面都是清晰的，就会显得很杂乱。而如果用大光圈来拍摄（F1.4），景深就会很浅，只有主体是清晰的，前景和背景都会被虚化掉，最终的效果是主体突出，背景“如奶油般化开”。这个大光圈的“特效”，在拍摄人像的时候尤其好用。

50mm F1.4 镜头不同光圈的虚化效果对比

大光圈镜头在拍摄人像时背景虚化效果很棒

上图使用 85mm F1.2 镜头拍摄，为了得到浅景深的背景虚化效果，使用 F1.2 进行拍摄。如果用小光圈，背景和环境就会过于杂乱，人物主体就不突出了。

——光圈的“特效”之光斑和星芒

另外，不同大小的光圈对背景中的点状光源（如圣诞彩灯、远处的路灯等）的表现也有很大的差异。

（1）大光圈：点状光源虚化成一个个漂亮的光斑，如果善加利用，拍出人像效果非常棒。

（2）小光圈：点状光源会变成星芒，拍摄夜景时，路灯会非常漂亮。摄影师通常使用 F11、F16 这样的小光圈拍摄，并且点状光源在清晰范围内。

这张照片使用 85mm F1.4 镜头的 F1.4 光圈在圣诞节期间拍摄，背景的小彩灯虚化成了漂亮的光斑

这张照片使用 11-24mm F4 超广角镜头拍摄，使用 F16 光圈，点状的路灯出现了星芒效果

5. 景深三要素详解

——景深的定义

既然说到了景深，咱们就来详细讲讲。景深就是画面清晰的范围，你用相机对好焦之后，对焦区域肯定是清晰的，而且焦点区域前后还有一定的范围也是清晰的，再往前和往后的区域，就逐渐模糊掉了。而这个清晰的范围就叫景深。

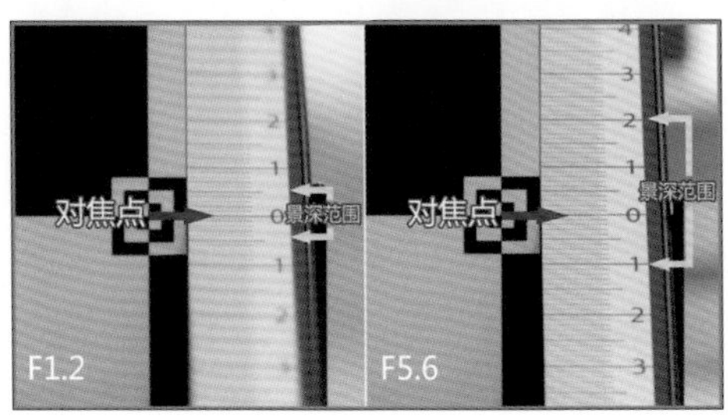

不同光圈对应的景深范围示意图

——景深三要素

景深是由三个要素来决定的：光圈大小、镜头焦距长短、拍摄距离的远近。

（1）光圈大小：光圈越大，景深越浅，背景虚化效果越强烈；光圈越小，景深越大，远近都清晰。

（2）镜头焦距长短：焦距越长（长焦镜头），景深越浅，背景虚化效果越强烈；焦距越短（广角镜头），景深越大，远近都清晰。

（3）拍摄距离远近：拍摄距离越近（比如拍摄微距照片、半身人像或者特写人像），景深越浅；拍摄距离越远，景深越大（比如拍摄远山）。

——实拍效果对比

下面，我们通过三组照片来跟大家展示一下景深三要素对背景虚化的影响。

大光圈与小光圈的同场景对比

85mm 镜头不同光圈虚化效果对比（F1.2）

85mm 镜头不同光圈虚化效果对比（F4）

广角镜头与长焦镜头的同场景对比

35mm 焦距镜头的虚化效果

85mm 焦距镜头的虚化效果

拍摄距离远、近的同场景对比

拍摄距离近，背景虚化更明显

拍摄距离远，背景虚化效果会减弱

——景深的实际应用

综上所述，你看，如果你对景深有不同的需求，则可以通过调整光圈来实现拍摄效果，举三个典型例子。

（1）拍摄背景虚化的美女人像

拍美女，大家都喜欢用 85mm 大光圈定焦镜头或者 70-200mm F2.8（通常会用 200mm 端）这样的镜头，原因就在于，光圈大、焦距长，虚化效果自然非常漂亮。在这种场景下，当然是优先使用大光圈。

（2）拍摄远近都清晰的风光大片

用广角镜头拍风光，比如 16-35mm F2.8，焦距短且拍摄距离又远，即便光圈挺大，但景深依然非常大，画面中远近都是清晰的，想要虚化效果反而很难。同时，为了保证画面中所有地方都清晰，我们通常都会把光圈缩小至 F8、F11 甚至更小来进行拍摄。在这个场景中，当然是优先使用小光圈。

（3）近距离拍摄微距照片

100mm F2.8 微距镜头：F2.8 的景深很浅

100mm F2.8 微距镜头：F16 的景深就要大很多

如果你用 100mm F2.8 微距镜头拍昆虫，为了尽可能将昆虫拍得更大，你得离得很近才行。但拍摄距离太近，景深就非常浅，可能只有昆虫的眼睛是清晰的，其他部分都还是虚的，怎么办？我们来分析，首先，拍摄距离不能变，离远了，就不能拍这么“微”了；其次，焦距不能变，100mm 微距镜头是定焦镜头，变不了。所以，那就只能选择把光圈调小来换取更大的景深，通常，微距拍摄都会使用非常小的光圈，比如 F16、F22 甚至 F32，目的就在于此。

6. 快门速度又应该如何定

——快门速度与曝光的关系

首先，再次强调，快门速度越慢，进光量就越多，通常在光线环境比较暗的时候，就需要放慢快门速度，让更多的光线进来参与曝光。另外，即便在光线充足的情况下，如果光圈缩得太小，可能也会需要比较慢的快门速度才能拍出曝光合适的照片。当然了，在光线充足的情况下，比如白天的户外，快门速度只需要设置得非常快，就能得到充足的光线，通常在阳光下用大光圈拍摄人像，快门速度往往能达到数千分之一秒。

——为什么会手抖拍虚

快门速度除了影响进光量之外，高速快门与慢速快门也有一些“特效”，有的特效是有利的，有的特效是不利的。我们展开来说，首先，大家一定都遇到这样的问题——照片拍虚了。这是为什么呢？多半就是因为手持拍摄的时候快门速度过慢引起的。

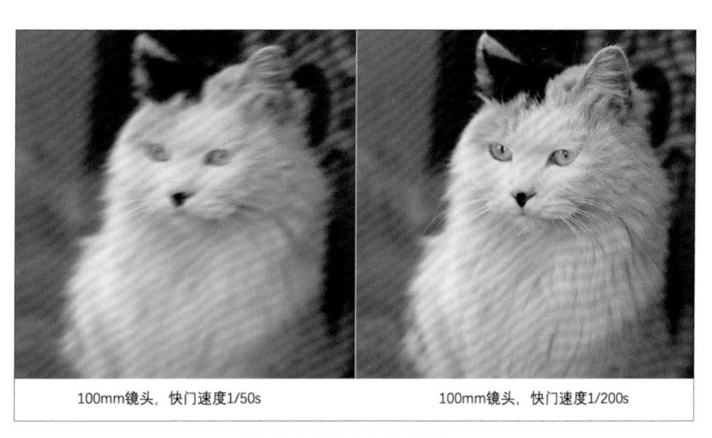

快门速度太慢会导致手抖拍虚

——什么是安全快门速度

为什么使用比较慢的快门速度，手持拍摄可能就会拍虚呢？这里就需要引出一个概念：安全快门速度。意思就是手持拍摄能够保证清晰所需要的最慢快门速度。如果你当前的快门速度比安全快门速度还要慢，那就有极大可能会拍虚；如果比安全快门速度更快，那就能拍清晰。需要强调的是，安全快门速度只针对手持拍摄而言才有意义，如果在三脚架上或者有稳定支撑的情况下，安全快门速度是没有意义的。

——安全快门速度怎么定

那么问题来了，安全快门速度是多少呢？这不是一个固定值，而是跟镜头的等效焦距有关（全画幅的等效焦距就是物理焦距，而其他画幅镜头需要乘以镜头等效系数），请记住，安全快门速度是焦距的倒数。比如焦距为 100mm 的镜头，安全快门速度就是 1/100s。如 31 页图，左边虚了，因为快门速度为 1/50s，低于安全快门速度；右边清晰，因为快门速度为 1/200s，比安全快门速度更快。另外需要注意的是，安全快门速度也跟相机的像素值有关，比如 1200 万像素的相机，安全快门速度就比较低，焦距的倒数就没问题，但目前相机的像素值是越来越高了，动辄 3000 万、4000 万、5000 万，所以对安全快门速度的要求也是越来越高，保险起见，高像素机型的安全快门速度应该再快一两挡。

——为什么长焦镜头容易拍虚

另外，大家发现没，使用长焦镜头往往更容易手抖拍虚，现在知道原因了吧。你看，使用 24mm 镜头拍摄，只需要快门速度高于 1/24s 就能保证画面清晰，但如果用 200mm 镜头拍摄，快门速度就不能低于 1/200s。比如当前环境光线比较昏暗，快门速度需要 1/50s 才能让曝光正常，用 24mm 镜头拍就没问题，用 200mm 镜头就会拍虚。

——避免手抖拍虚的方法

知道了为什么会手抖拍虚，那我们在手持拍摄的时候，就需要格外注意快门速度。但有的时候光线就是不太亮，快门速度没办法太快，怎么办？

（1）使用防抖镜头，通常能降低 3~4 挡安全快门速度，假设能降低 3 挡，如果使用 100mm 镜头拍摄，没有防抖，则快门速度需要 1/100s 才能清晰；但如果开启防抖，降一挡变成 1/50s，降两挡变成 1/25s，降 3 挡则为 1/13s。也就是说，开启防抖，即使快门速度为 1/13s 也能清晰不抖，差距还是非常巨大的。

（2）加大光圈，进光量自然就大了，就能使用更快的快门速度。

（3）提升感光度，对光线更敏感了，也能使用更快的快门速度。

（4）使用三脚架，或者放桌子上也行，相机有了稳定支撑之后，快门速度即便为 1 小时，得到的画面也都是清晰的。

除了拍虚之外，快门速度不同，最终的拍摄效果也不同。记住：高速快门凝固运动瞬间，慢速快门引发运动模糊。

——高速快门凝固运动瞬间

如果你的拍摄对象是高速运动的物体，比如拍摄运动会、赛车这样的场景，你想要拍摄清晰，就不能只参考安全快门速度了，我们需要用更高的快门速度来凝固运动瞬间。比如下页这个场景是山地速降，速度非常快，尤其是在近距离擦肩而过的时候，想要凝固这个飞跃头顶的瞬间是非常困难的，这张照片快门速度达到了 1/8000s，拍摄的效果勉强达到需求，但大家如果细看就会发现前轮依然是稍稍有些模糊的。

——慢速快门引发运动模糊

大家记住，拍摄对象速度越快，想要凝固运动瞬间就需要更高的快门速度

那慢速快门引发运动模糊，又怎么讲呢？手抖拍虚算一个，但慢速快门的这个特点，其实也有独特的用处，比如配合三脚架进行慢门曝光。在慢速快门下可以记录运动物体的运动轨迹，比如想要拍摄出如丝绸般柔滑宁静的瀑布，就需要用比较慢的快门速度。下面这组同场景对比图，展现的是快门速度逐渐放慢的效果，曝光时间越长，水流就越柔滑。

借助慢速快门的这个“特效”，我们就可以拍摄出很多与众不同的照片，在风光摄影中，慢门是常见的表现形式。

快门速度：（左）1/5s；（右）30s

拍摄星轨需要非常长的曝光时间，上图快门速度约 1 小时（需要用快门线配合 B 门进行拍摄）

这张照片之前讲过星芒，这里再提出来继续讲与快门相关的内容。

由于使用的光圈非常小（F16），这张照片中星芒的确是出来了，但曝光时间也达到了几十秒，街道上的行人和车流（当时行人和汽车其实非常多）也就都被运动虚化给抹掉了。但有的同学可能会问，为什么唯独这辆三轮车是清晰的呢?这真的是运气，在曝光的这几十秒内，刚好赶上红灯，三轮车就停在那儿一动不动，所以，唯独它是清晰的，其他运动的行人、汽车就全都不见了。所以，如果以后你想拍个空无一人的场景，不妨试试用慢速快门，只要画面中的人都在动，那就不会被记录到照片之中，但如果有一个人一直站那儿不动，那就没办法了。

7. 感光度应该用哪一挡

——感光度是不是越低越好

相比有很多“特效”的光圈和快门，感光度就没什么好讲的了，大家记住一句话:感光度越低，曝光速度越慢，但画质越好；感光度越高，曝光速度越快，但画质会越来越差。通常情况下，光圈、快门、感光度三要素，感光度是最后考虑的调整项。

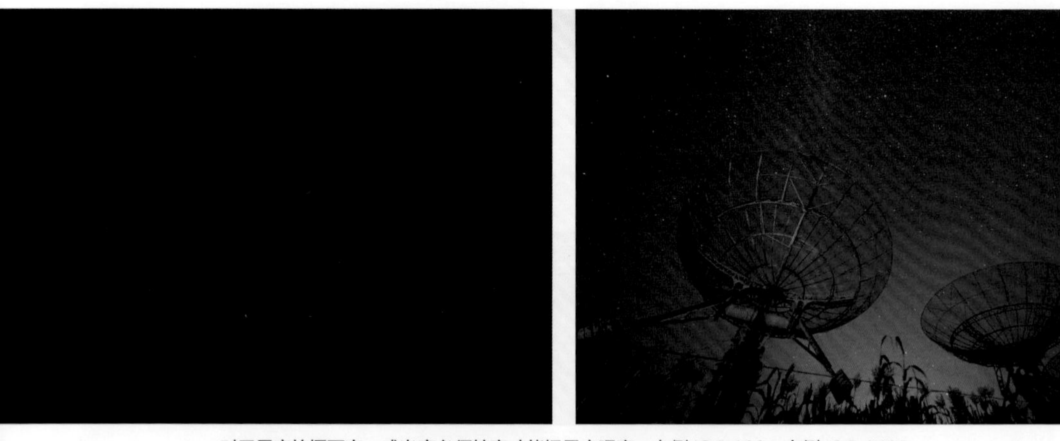

对于星空拍摄而言，感光度必须较高才能把星空曝亮，左侧 ISO 800，右侧 ISO 6400

那有的同学可能就会想，哦，原来高感画质会变差，那我是不是就只能用 ISO 100？其实不是。因为，首先，画质不是最重要的，甚至对于摄影的结果而言，画质远没有大家想的那么重要，该用高感光度你就用；其次，现在的数码相机，高感光度得到的画质越来越好，在某一个范围值之内，画质都是可以接受的。

举个例子，室内拍娃，光线本来就不太充足，你非要为了画质而用 ISO 100，只能得到一堆手抖模糊或者“无影腿、无影手”的废片，都废片了，画质再好也没有任何意义。在这种情况下，感光度直接 ISO 800 起，甚至 3200 都没问题，虽然画质的确有一定程度的下降，但至少每张都是清晰的。

目前的全画幅相机，ISO 800 也能获得很好的画质

——感光度调整的依据

所以，使用哪一挡感光度比较合适呢？其实我们需要根据快门速度调整，比如你使用 50mm 镜头拍摄，安全快门速度是 1/50s，如果当前感光度为 ISO 100，快门速度只有 1/10s，肯定虚对吧。好，看着快门速度调，感光度为 ISO

35mm F1.4 镜头，光圈 F1.4，ISO 6400，1/200s，随便拍，每张都是清晰的。其实感光度可以再低一些，但无所谓啦。

200 时，快门速度变成 1/20s，不行；感光度为 ISO 400 时，快门速度变成 1/40s，不行；感光度为 ISO 800 时，快门速度变成 1/80s，这就可以了！那就用 ISO 800 好了。

需要说明的是，上面这个例子，ISO 800 只能保证你手不抖，但如果你家娃在蹦来蹦去，就需要更高的快门速度才能凝固瞬间，估计 ISO 3200 可能更合适。高老师在家拍娃，从来都是 ISO 800 起，ISO 3200 很正常，画质差又怎么样呢?

总之，大家记住，感光度根据快门速度的需求来调整就好了。

8. 曝光模式怎么选

——相机的 4 种曝光模式

在了解了光圈、快门、感光度之后，我们就知道了曝光的原理，下一步就是掌控曝光。目前的单反相机和无反相机大都有 4 种不同的曝光模式（也叫拍摄模式），就是 A 挡、S 挡、M 挡和 P 挡，这些模式一般会出现在机身顶部的模式拨盘上，它们各自是什么意思呢？我该用哪个挡位进行拍摄呢?

机顶模式拨盘上的 M/S/A/P 挡

佳能的命名规则比较独特：M/Av/Tv/P 挡

在展开细说之前，需要先说一个事儿，不管你用什么挡，感光度都可以固定不变，为了方便理解，我们就先假设都固定为 ISO 100。

——4 种模式详解

A 挡

光圈优先模式，有的相机也叫 Av 挡。为什么叫 A 挡呢？因为光圈的英文是 Aperture。光圈优先模式指的是：摄影者决定光圈的大小，快门速度由相机的自动测光系统来决定。

S 挡

快门优先模式，有的相机也叫 Tv 挡。为什么叫 S 挡呢？因为快门的英文是 Shutter speed。快门优先模式指的是：摄影者决定快门速度，光圈则由相机的自动测光系统来决定。

P 挡

程序自动模式，也叫自动挡。为什么叫 P 挡呢？其英文为 Program Mode，这就明白了吧。程序自动模式可以简单地理解为傻瓜模式，光圈、快门都由相机的自动测光系统来决定，你可以通过转动拨盘来选择不同的光圈、快门组合，来实现相应的拍摄效果，比如大光圈配合高速快门，或者小光圈配合慢速快门。

M 挡

全手动模式（Manual Mode）意思就是光圈、快门全都由摄影者决定，相机的自动测光系统不参与曝光。

——用哪种模式拍摄

首先，P 挡咱们就不用了吧，毕竟我们不希望什么都听相机的对吧，相机怎么可能精确地知道你的拍摄意图呢？

可以看出，A 挡和 S 挡照片的曝光程度其实都是相机的自动测光系统说了算，因为你只能决定光圈、快门其中一个要素（感光度固定的前提下），另一个变量则由测光系统说了算。

A 挡：使用不同大小的光圈，得到的照片亮度都一样

所以，举个例子，在 A 挡模式下你用 F2.8 或 F8，拍摄固定不变的场景，最终照片的明暗是完全一致的，并不会因为你缩小了光圈照片就变暗。因为这个照片明暗的结果是由相机的自动测光系统决定的，当你把 F2.8 收缩至 F8，测光系统其实是这么想的："嘿，这个人为什么把光圈缩小了呢，那我就把快门速度降下来（从 1/8s 减慢至 1s）。”大概就是这个意思。

那我们如何在 A 挡和 S 挡的情况下，改变曝光的结果呢？其实我们应该调整曝光补偿。

9. 曝光补偿很重要

——曝光补偿的作用

曝光补偿很重要，意思就是要告诉相机，在测光系统得到的曝光结果上，让曝光再亮（或暗）一些。举个例子，在 A 挡的情况下，曝光补偿 +1 的意思是，在自动测光的结果基础之上，让曝光再亮 1 挡。通常，相机的曝光补偿可调范围是 ±3 挡。当曝光补偿为 0 的时候，意思就是完全听相机的，拍一张先看看，如果亮了就减曝光补偿，如果暗了就加曝光补偿，很简单对吧。至于曝光补偿在哪里？应该怎么调？同学，说明书是个好东西啊。

如果你使用 A 挡或者 S 挡拍摄的时候，曝光的结果总是特别亮或者特别暗，请先确定曝光补偿是不是没有归零

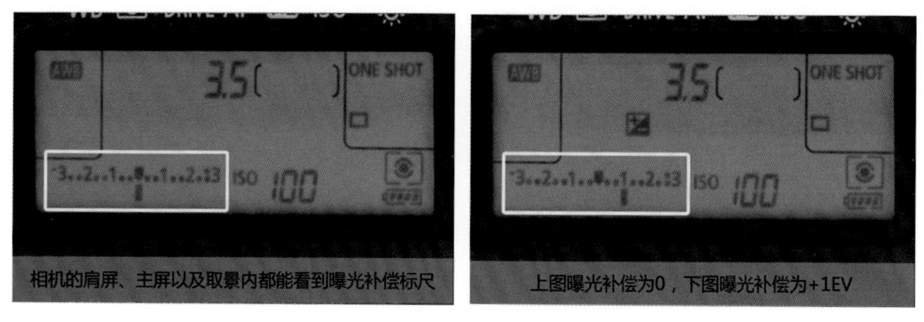

曝光补偿标尺

部分机型拥有独立的曝光补偿转盘

——M 挡曝光补偿有用吗

使用 M 挡的时候，快门和光圈完全由摄影者自己决定，曝光的明暗完全由自己控制。所以，在 M 挡时，曝光补偿就没用了，因为没有变量嘛。

再讲深一些，其实在 M 挡的时候，相机上曝光补偿的标尺作用已经变了，变成了测光表，相机的自动测光系统会用这个标尺提醒你，当前你的这个设置（光圈 + 快门 + 感光度）是过曝了还是欠曝了，大家可以在调整的时候观察，至于听不听它的，由你来决定。

最后，切记，不管什么模式，感光度不要自动，感光度不要自动，感光度不要自动，重要的事说三遍。如果你在拍摄的时候，怎么调怎么不对，曝光总感觉有问题，相机还不听话，多半就是因为感光度设置成了自动，赶紧检查一下。

10. A 挡什么时候用

——80% 的情况下推荐用 A 挡

好了，在知道了 A/S/P/M 挡的意思之后，有的同学一定会问，老师，那我应该用什么挡拍摄呢? 首先，高老师来说说我自己的使用经验：80% 的情况下，我都用 A 挡，剩下 20% 的情况，我一般用 M 挡，但从来不用 S 挡和 P 挡。

光圈的大小对照片效果很重要，优先控制大光圈

想要更大的景深，就缩小光圈

——三种案例解析

为什么大多数情况下我都用 A 挡呢，因为光圈的大小对最终的拍摄效果有很大的影响，所以我们需要优先掌控。举几个例子。

（1）拍摄背景虚化的人像照片

大家现在知道了，背景虚化肯定优先使用大光圈，所以，就用 A 挡，设置为大光圈，这样，你的第一需求就搞定了。至于快门速度是多少，相机自己决定就好了。如果环境光暗，快门速度比较低，那就提升感光度。另外，如果拍出来亮了或者暗了，那就调曝光补偿。

（2）拍摄远近都清晰的风光照片

这种情况得用小光圈对吧？那就选择 A 挡，把光圈调小。通常风光摄影是固定在三脚架上拍摄的，快门速度慢一些也没关系，感光度可以调低，毕竟风光摄影的画质还是蛮重要的。

（3）拍摄微距照片

足够的景深是第一诉求，所以选择 A 挡，调小光圈，比如 F16 或 F22，通常也是需要用上三脚架的。

——需留意快门速度

在使用 A 挡的时候，我们半按快门会得到一个快门速度值（取景器内下边框能看到），如果在手持拍摄或者需要凝固高速运动物体，就需要留意这个快门速度值，如果快门速度不够，那就提高感光度。

——A 挡拍摄思路参考

下图是使用 A 挡的拍摄思路，供大家参考。

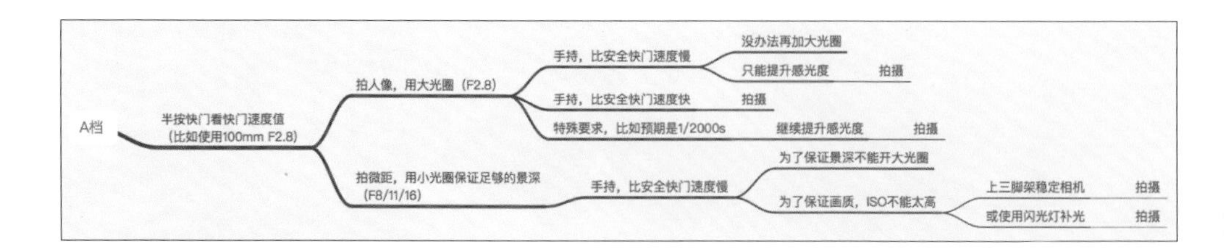

11. S 挡什么时候用

原则上来说，如果你对快门速度有特殊的要求，那就优先使用 S 挡，把快门速度确定下来，至于光圈，就由相机来决定。但通常在光线不是特别充足的情况下，光圈即便已经最大了，仍然会曝光不足，所以建议配合自动感光度来使用，比如把感光度设置为自动，范围是 ISO 100~ISO 6400，如果光线昏暗，相机就会自动提高感光度来实现更亮的曝光，但这样画质就没谱了。所以，高老师从来不用 S 挡。在这种有高速快门需求的情况下，我会用 M 挡来进行精确设置，心里更有谱。

12. M 挡什么时候用

——M 挡是为了精准控制曝光

很多同学可能都遇到过一些摄影师说：我从来都用 M 挡，因为 M 挡才专业，才配我的身份……我就无语了。M 挡就是全手动挡，光圈、快门速度、感光度全部由摄影者自己决定，通常用于需要对曝光有精准控制的场景。比如拍摄风光的时候，就可以用 M 挡来精准控制曝光量，当然了，用 A 挡配合曝光补偿也是完全一样的，你觉得哪个效率高就用哪个。

闪光灯摄影对光影的控制能力要求很高，
所以通常用 M 挡进行拍摄

在光照条件比较复杂且明暗反差很大的情况下，M 挡往往更好用

——闪光灯摄影通常用 M 挡

另外，闪光灯摄影通常使用 M 挡。比如棚拍，感光度 ISO 100，快门速度 1/200s，光圈根据需求来，通常都在 F8 左右。然后通过调整闪光灯的输出量来控制曝光的程度。这只是举个例子，闪光灯摄影技巧有一套相对独立的知识体系，大家现在不用深究，后续如果有机会，高老师会单独出书深入讲解。

——流水线作业 M 挡更高效

再举个简单的例子，在环境、光线都不变的情况下，拍摄一组照片，比如在灰色背景布前面给猫咪拍摄一组照片，那你就可以用 M 挡来保证整组照片曝光完全一致，而不会因为有的猫咪是深色的，有的是浅色的而引发曝光差异。

使用 M 挡，可以保证一组照片曝光完全一致

——M 挡的拍摄思路

下图是 M 挡的拍摄思路，供大家参考。

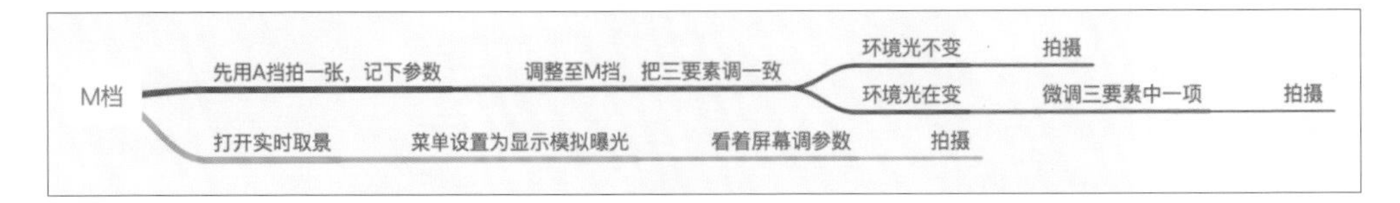

大家不要觉得 M 挡很难，其实，对于单反相机而言，使用相机的实时取景功能，并且在菜单中开启实时取景状态下显示模拟曝光结果的选项，直接看着屏幕调参数就好了，屏幕上显示的就是最终拍摄的效果，会跟着你的调整而变化，非常直观。现在既然已经有如此先进直观的技术，为什么不用呢？

13. 看懂直方图其实没什么用

——直方图的原理

相信很多同学都听过或者看到过直方图，据说它很神奇，看懂了之后，对准确曝光会有极大的用处，甚至还说能通过看直方图就知道你这照片曝光是否正确。其实，直方图完全没那么神奇，看直方图就能确定曝光是否正确更是瞎说，但我们仍然有必要了解它的原理。

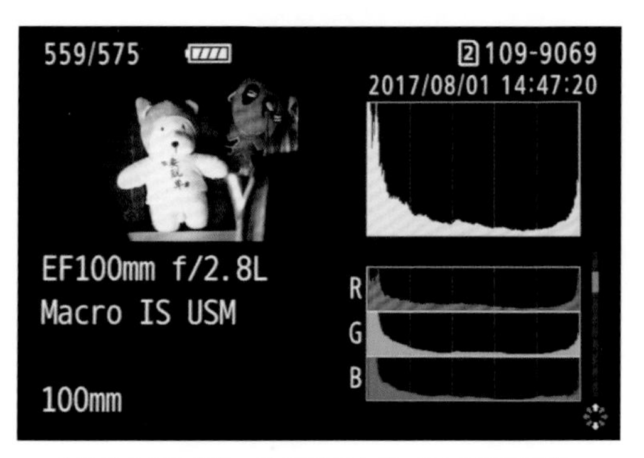

在相机上回放照片，改变显示模式，即可调出直方图

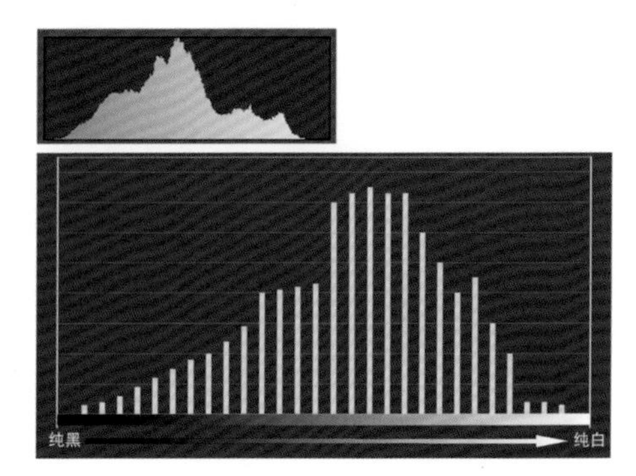

直方图说白了就是个坐标图

在你拍完照片回放的时候，有个显示模式就能看到这张照片的直方图（方法请翻阅说明书），在后期软件中也能看到。直方图其实就是一个坐标轴，最左边的边界就是纯黑，最右边的边界就是纯白，中间呢，就是从暗到亮的渐变过程。至于竖轴，或者是中间的曲线的高度呢，指的就是在某一个明亮度有多少像素。感觉很烧脑对吧？没关系，继续往下看。

——直方图与曝光的关系

如何解读直方图呢，我们先来看一组曝光不同的照片，直方图有什么区别。

直方图与照片明暗的关系

从这组照片中可以发现，左侧画面偏暗的照片，直方图上的信息都堆积在左侧，即黑色的像素比较多，如果跟最左侧边界“切边”了，则说明有的地方已经纯黑一片没有信息了；右侧偏亮的照片，直方图上大量信息都堆积在右侧，即这照片大量像素都是偏亮的，如果切右边了，则说明有的地方已经纯白一片没信息了；中间这张曝光相对正常的照片，所有像素都堆积在中央区域，两边都没切边，说明照片没有纯黑或者纯白的地方，所有地方都是有信息的。

——直方图对曝光的指导意义

通过这个案例，我们得到一个结论：直方图可以显示照片的明暗倾向。

然后呢，对于我们拍摄有什么意义呢？其实，在拍摄的时候，只需要注意像素别大面积堆积在两边就好了，因为一旦在最黑或者最白两边堆积，就说明超出了传感器的感知范围，即超出了相机的动态范围，画面就会出现死黑或者死白，后期你是救不回来的。遇到这种情况，你就得改变曝光，让直方图的曲线堆积在中间，不要跟两边接壤，这就代表着相机传感器已经记录下了当前场景所有的信息，不会有纯黑欠曝或者纯白过曝的现象，以此来获得最大的后期空间。

——直方图没有对错之分

虽然直方图可以显示照片的明暗倾向，但并不意味着我们就可以根据直方图来判断一张照片的曝光是否正确，举个例子。

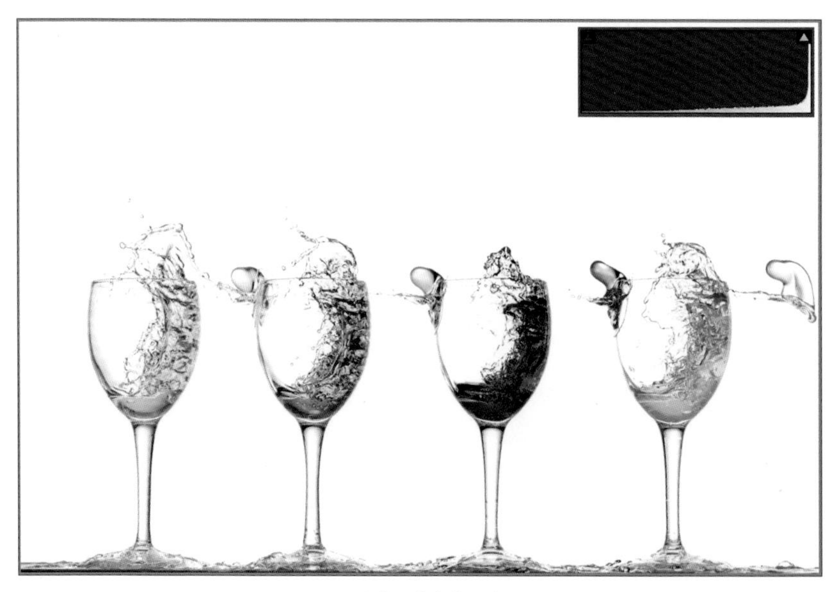

一张背景纯白的照片

哎呀，上面这张照片的直方图切边了呀，你这怎么搞的，高老师不是说了不要切边吗？你看，死白了吧……其实，对于拍摄纯白底的照片来说，死白才是对的呀，要是不切右边，说明白色背景还不够纯白，这才有问题呢。

一张背景很暗的照片

上面这张也是，本来就是想拍一张低调奢华有内涵的暗调人像，像素堆积在左边才对啊，切边就切边吧。看完这两个例子，相信大家应该完全明白，所谓通过直方图能看出曝光是否正确这说法，并不绝对。

第3章 自动测光模式详解

1. 相机是如何确定曝光程度的

——相机自动测光的原理

之前我们说了那么多 A/S/P/M 挡，可能很多同学都会产生一个疑惑，老师，A 挡、S 挡、P 挡的曝光结果都是相机的自动测光系统来决定的，但相机如何知道曝光到多亮才算合适呢？这是一个很有意思的话题，对啊，相机里面又没有住个小人，它是怎么知道的呢？简单地说，相机的自动测光系统就是“一根筋”，原理非常简单，就是把所有的场景、所有的画面，都平均模糊之后，亮度变成 18% 灰，就完事儿了。

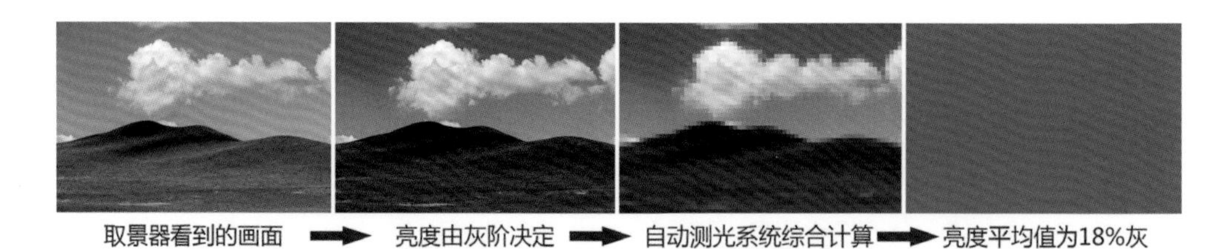

任何场景，亮度平均值均曝光成18%灰，这就是自动测光系统的唯一“准则”

——举三个例子

不相信？好，高老师再给你举几个例子。

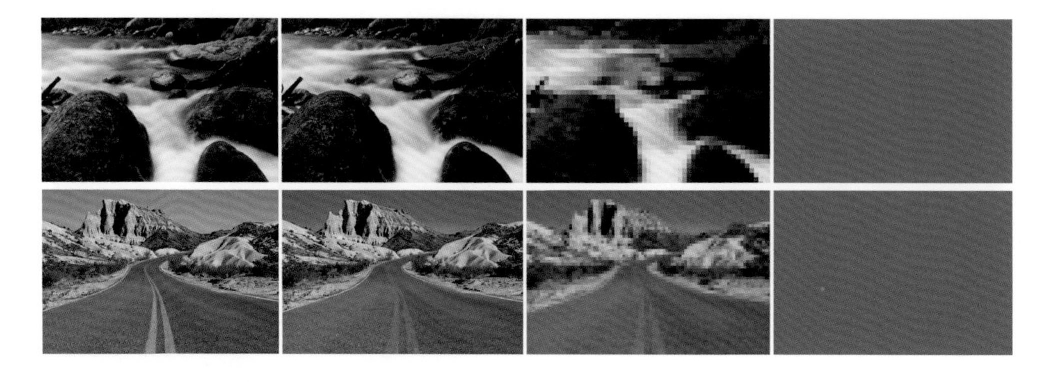

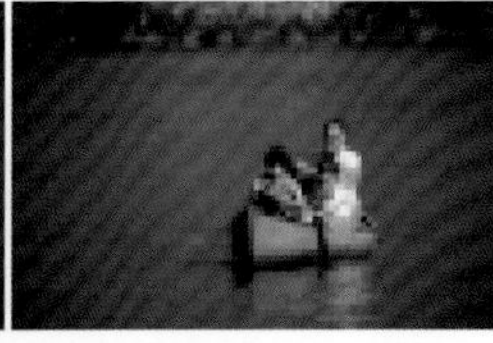

你看，只要你将曝光补偿设为 0，即曝光完全听从相机自动测光系统的，自动测光系统就会把所有场景的亮度取个平均值，然后控制曝光至 18% 灰，就是这么简单，就是这么”一根筋“。

——在自动测光的基础上调整

举个例子，我们使用 A 挡拍摄风光，设置光圈为 F8、感光度为 ISO 100、曝光补偿为零，半按快门，相机的自动测光系统会测量当前画面的亮度，返回给你一个快门速度，而这个快门速度配合你设置的光圈和感光度所产生的曝光结果，平均之后刚好就是上面说的 18% 灰。你可以直接拍一张回放看这个结果你是否满意，如果不满意，就调整曝光补偿直到满意为止。

2. 用点测光还是平均测光

——测光的三种模式

知道了自动测光系统的原理，下面我们再来说说自动测光的 3 种不同模式，分别是：点测光、中央重点测光、平均测光（也叫作评价测光、矩阵式测光）。需要说明的是，相机的品牌不同，对应的说法可能有所差异，请参考说明书。

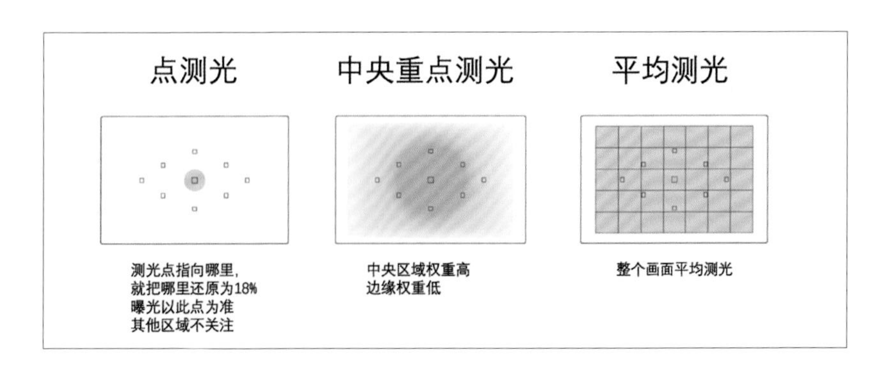

上图应该已经说得很明白了，上一章讲曝光的原理，所有样片都是用平均测光模式拍摄的，所以，测光系统就是根据整个画面平均测光，变成 18% 灰；而点测光就只关注一个非常小的区域，其他地方不管多亮或多暗都不关注；中央重点测光就是更加关注中央区域的明暗，边缘明暗权重比较低。大概就是这个意思。

——点测光好用吗

摄影圈有一个怪现象，越是难用的、古老的，大家就觉得越专业、越高级。比如很多“专家”就说：“点测光才是最精准的、最专业的，我只用点测光。”

红圈为测光点位置，对准阴影处测光，整体就过曝了

对准亮处曝光，整体就欠曝了

给人感觉用点测光的人都高人一等。而高老师这辈子就只用平均测光，并且很鄙视“点测光”这种技术。你看，现在都是数码相机了，拍完就能直接回放查看曝光的结果，亮了、暗了直接调就好了，平均测光才更容易掌控。而点测光太敏感，这个点指的地方稍微偏一些，曝光的结果就会有极大的差异，让人感到难以驾驭。

打个比方，拍熊猫，有黑有白对吧，这个点对准黑色的地方，相机就以这个地方测光，因为相机是自动的，它就会想：“好黑啊，我得加曝光啊。”结果就过曝了。然后呢，再对准白色的地方，相机就会想：“好亮啊，过曝了吧，我得减曝光啊。”结果就欠曝了。你看，那你说点测光精准吗？嗯，的确精准，但你说它好用吗？其实并不好用。

——平均测光更简单

现在的相机都有平均测光，就是针对画面整体进行测光，这个稳定性就好很多了，而不会受到这个测光点对准的地方明暗变化而产生大幅度的差别。曝光成功率自然就大幅度增加了。结合一些经验，曝光就不再是一件很复杂的事了。

用平均测光配合曝光补偿，曝光更容易控制

至于很多同学问：“老师，曝光怎么叫准确啊？”这就跟你问吃几个包子才会饱一样，你吃吃看不就知道了？曝光怎么叫准确，拍完你回放查看嘛，要是直接看着照片都不清楚曝光准确不准确，同学，你让我怎么说你好呢？

3. “白加黑减”是什么意思

——平均测光为什么不准

平均测光好，平均测光妙，但大家发现没，即便我们使用平均测光模式，有的时候也会要么过曝，要么欠曝。这是为什么呢?

你看，之前说了，相机的自动测光系统就是“一根筋”，只知道 18% 灰。所以，很多情况下，尤其是在光比（光比：画面中的明暗对比，简单理解就是对比度）比较大的情况下，就会出现问题。

比如上页这张逆光人像照片，曝光肯定以人脸为准，但你看人脸偏暗，就说明照片欠曝了。为什么呢？其实，自动测光系统很冤枉，没错呀，我就是还原成了 18% 灰呀，为什么还不准确呢？我们来分析一下原因出在哪里。你看，这张照片的背景是比较亮的，而人物主体在背光面，是相对比较暗的，正是因为背景大面积的“亮”，压低了整个画面的平均亮度，所以，脸自然就欠曝了。

——“白加黑减”是什么意思

通常，遇到背景特别亮的情况就需要增加曝光，比如把曝光补偿 +1 挡或 +2 挡。而这就是“白加黑减”中的“白加”。

曝光补偿 +1.5 挡之后的效果

当我们增加了曝光补偿之后，人物主体的曝光就正常很多了，背景也随之变亮了，在我看来，这算是“逆光高调小清新”，挺好看的。在这种背景和人物主体曝光二选一的情况下，肯定优先选择人物主体曝光正常，背景不用在意。

当画面中有大面积的黑色或者偏暗的时候，照片则往往会过曝，因为相机只认 18% 灰。

所以，遇到这种大面积是暗色的情况通常就需要减曝光，比如将曝光补偿 -1 挡或 -2 挡。

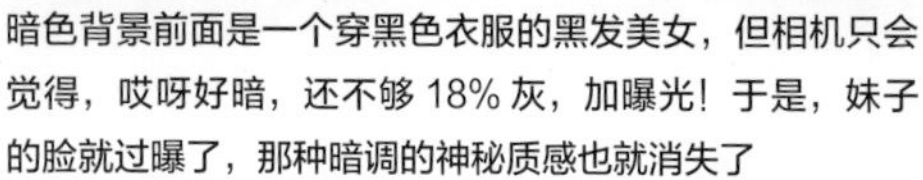

暗色背景前面是一个穿黑色衣服的黑发美女，但相机只会觉得，哎呀好暗，还不够 18% 灰，加曝光！于是，妹子的脸就过曝了，那种暗调的神秘质感也就消失了

通过以上两个案例，相信大家应该明白“白加黑减”的意思了，这是基于拍摄经验而预判的，但其实在数码时代，由于可以回放查看结果，亮了、暗了直接调，所以，这个曝光技巧，重要程度已经大幅降低了，大家知道原理即可。下次逆光拍摄美女的时候，知道她脸黑的原因，并且知道怎么调就对了。

第 4 章　如何控制对焦

1. 单次自动对焦和连续自动对焦的区别

除了旁轴相机（徕卡 M 系）之外，目前的主流相机，不论是单反相机、无反相机、卡片机，还是手机，都支持自动对焦，使用都非常方便。与曝光相关的知识相比，对焦方面我们其实只需要掌握两大块内容就好了，一是对焦系统的工作状态（对焦模式），二是对焦点的使用方式。

——两种不同的对焦模式

首先来介绍对焦系统的工作状态，通常分为两种，一种是单次自动对焦，另一种是连续自动对焦（也叫连续追焦）两个模式。

佳能相机有三种自动对焦模式

单次自动对焦，简称 AF-S，佳能相机比较另类，叫作 ONE SHOT，意思就是当你半按快门，相机自动对焦，合焦之后（通常会有“滴滴”的提示音），对焦距离就锁定了，只要你半按快门不松手，清晰的距离就不会再改变。相反，如果合焦之后，你前后移动，清晰的地方也会跟着前后移动。

连续自动对焦，简称 AF-C，佳能相机比较另类，叫作 AI SERVO，意思就是当你半按快门，就激活了相机的自动对焦系统，你对焦点指着哪里，哪里就合焦，如果拍摄物体一直在动，对焦系统也会一直追踪对焦，保持运动物体一直处于合焦状态。

——应用领域有所不同

所以你看，拍摄运动物体，那肯定用 AF-C 模式，也就是连续自动对焦模式。比如拍小孩从远处跑过来、拍鸟、拍赛车、拍各种运动，等等，而且通常是配合相机的高速连拍一起使用的，可以保证你拍的每一张照片都能准确合焦。

除了拍摄运动物体之外，都用 AF-S 模式，也就是单次自动对焦模式。比如拍风光，风景又不会乱动对吧。又比如摆拍人像，都不动了，你要连续自动对焦有什么用？当然了，如果拍摄对象正在夕阳下奔跑，那就切换成 AF-C 模式追着拍吧。

2. 单点和多点对焦的区别

了解了 AF-S 和 AF-C 模式，咱们再来说说对焦点的使用方式。通常，你的相机都不止一个自动对焦点，低端的有十个左右，高端的有五六十个。你既可以选择其中某一个点来使用，也可以选择其中多个点共同参与对焦。

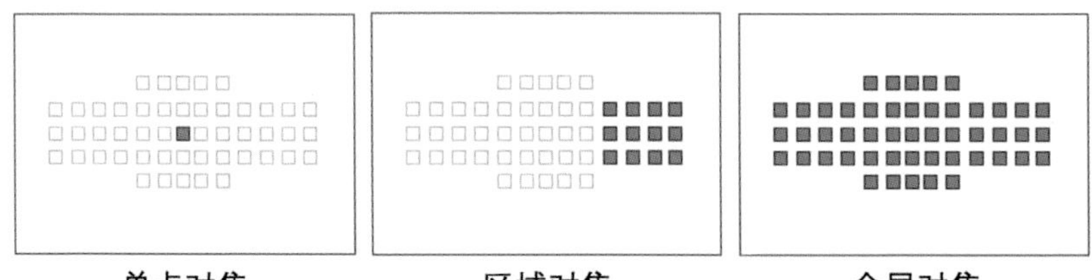

——三种对焦点模式

不论是 AF-S 还是 AF-C 模式，你都可以选择以下三种不同的对焦点模式来进行拍摄：

（1）单点对焦：只选择其中一个自动对焦点来使用，这个点对准哪里，就对焦到哪里。通常，单反相机中央那个对焦点是最精准的，推荐优先使用。

（2）区域对焦：选择多个对焦点协同对焦，通常用于配合 AF-C 拍摄运动物体，因为对焦区域面积更大，只要保证运动主体在这个区域内就可以了，比较容易追焦。

（3）全局对焦：所有对焦点都参与对焦，通常也用于配合 AF-C 拍摄运动物体，这个对焦面积更大，追焦也更容易，但如果有多个运动对象同时出现在区域内，焦点在追踪哪个主体，就不是你说了算的。

——应用领域有所不同

通常，对于相对静止的物体，比如摆拍人像、风光、静物等，我们推荐使用单点对焦配合 AF-S 来进行拍摄，因为这样是最可控的，这个焦点对准哪里，哪里就合焦，合焦后就可以直接拍摄，效率非常高。而区域对焦和全局对焦则是在拍摄运动物体时才使用的，相机可以自动判断运动物体的位置，然后激活与之匹配的对焦点进行追焦工作，效率也是很高的。

但是，如果你使用 AF-S 配合全局对焦，可能就比较闹心了。举个例子，我拍花丛中的一朵花，全局对焦就不太可能猜得到你想要的是哪一朵。如果你觉得这样还不够闹心，那就试试用 AF-C 配合全局对焦。

3. 先构图再对焦，还是先对焦再构图

——两种方法都正确

这个问题，其实没有对错，比如拍美女，你既可以先把对焦点调整至眼睛的位置，对好焦直接拍，也可以先用中央对焦点对准眼睛，半按快门不松手，二次构图后再拍。但我个人推荐第二种方法，即先对焦再构图，理由有两个。

（1）中央对焦点的对焦精度和暗光对焦能力往往是最好的，推荐优先使用；

（2）省时省事，不然你每次拍摄之前都得调半天对焦点，效率不高。

——二次构图的方法

半按快门，中央点对焦

半按快门不松手，二次构图

拍摄

需要说明的是，这里讨论的都是在AF-S，即单次自动对焦模式下进行的拍摄，比如用中央对焦点对准模特儿的眼睛，半按快门合焦之后不松手，可以上下左右移动重新构图，让脸别在画面中间。这种情况，肯定是使用 AF-S 的，因为半按快门对焦距离就锁定了，你可以随意构图，不过需要注意，相机可以上下左右轻微移动调整构图，但千万别前后移动，因为对焦距离也会跟着前后移动，会跑焦。如果你用 AF-C，那就糟糕了，你想啊，二次构图的时候，对焦点可能就对准到背景上去了，自然就会跑焦。

——关于对焦的经验

高老师的经验是，95% 的情况下，都使用中央对焦点配合 AF-S 来进行拍摄。另外 5% 的情况，就是拍摄运动的时候，我会选择小区域自动对焦配合 AF-C 来进行拍摄。

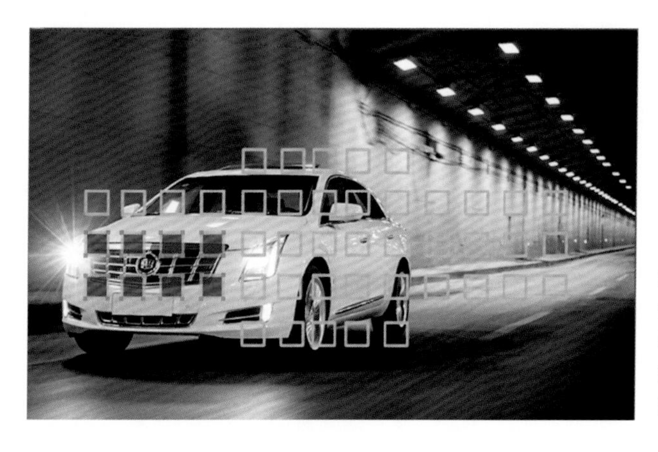

使用左侧区域对焦配合 AF-C 连续追焦，既能保证车头部分清晰，也能照顾一下构图的需求

——运动摄影的对焦技巧

另外，对于喜欢“打鸟”的玩家而言，全局对焦可能更加好用，尤其背景是蓝天，又只有孤零零一只鸟的时候，你只需要画面对准这只鸟，保证它不飞出对焦点覆盖区域，剩下的事情交给相机的自动对焦系统就好了。当然了，还得配合 AF-C 和高速连拍，而且相机的性能也要跟上，这也是为什么拍鸟玩家的器材都很高级的原因。

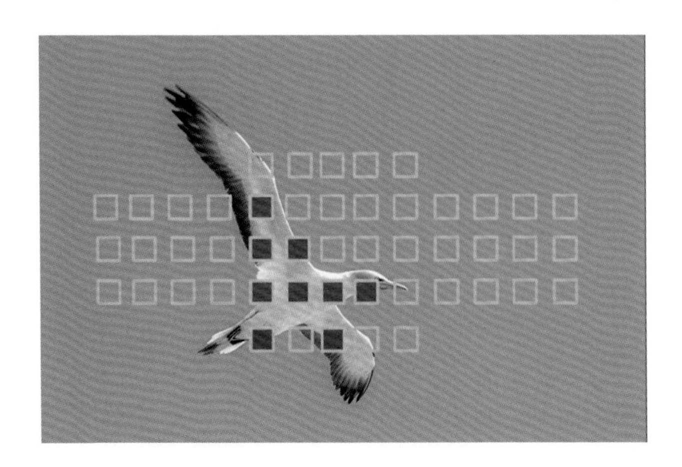

4. 单张还是连拍

这个问题就很简单了，拍摄静止或者相对慢速运动的物体时，单张就可以了。使用单个对焦点配合单次自动对焦即可，比如摆拍模特儿、风光、静物等。

拍摄运动物体，肯定是连续追焦模式配合高速连拍成功率更高，比如拍奔跑的孩子、赛车、野生动物等。

5. 为什么有时候对不上焦

——什么叫“拉风箱”

在拍照过程中，你会发现在某些情况下，相机自动对焦有可能会失灵，反反复复来来回回，就是没办法精确合焦，这种现象呢，有个通俗的叫法——“拉风箱”。是什么原因呢？其实，“拉风箱”经常会在两种情况下出现，一是光线太暗的时候，二是拍摄对象没有明显反差的时候。

——光线太暗导致无法对焦

第一种情况，光线太暗的时候，比如晚上或者昏暗的地下停车场，相机对焦系统可能就没办法工作。通常，在暗光环境下拍摄，我们推荐使用中央那个对焦点，因为这个点的暗光对焦性能是最好的，其他点对焦不上，这个点可能还能工作。

另外，还有一些暗光时的对焦技巧。如果你的相机有辅助对焦灯，建议你将其开启，当光线特别暗的时候，相机前面有个小灯会亮，就可以帮助你自动对焦了。

如果你的相机没有辅助对焦灯，那就请打开你的手机电筒，原理一样对吧。

还有一个技巧是专门针对单反相机的，这是高老师自己总结出来的一个技巧。就是当你用取景器无法对焦的情况下，可以使用相机的实时取景模式，这种情况下，自动对焦依然可以工作，虽然速度会慢一些，但总比一直“拉风箱”要好很多。

——反差太低导致无法对焦

第二种情况，拍摄对象没有明显反差又怎么讲呢？比如你拍摄一个场景，对焦点别对准纯色的地方（如一面白墙，或者一张白纸的中央），这是无法合焦的，因为反差太低了，高老师建议你对准墙上的开关或者反差相对明显的地方，这样对焦就会干脆很多。

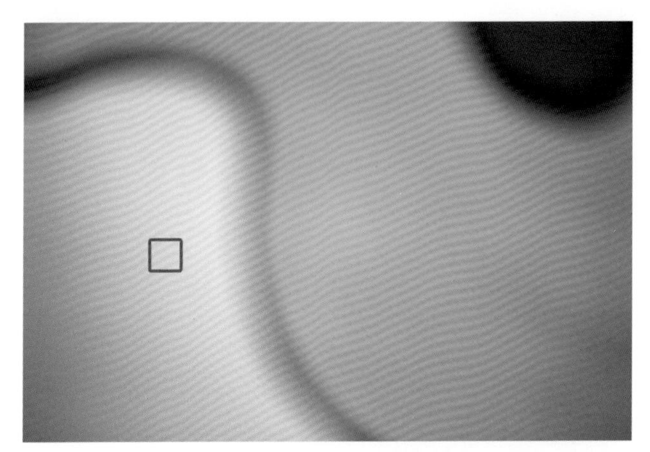

对准没有反差的白墙，肯定无法合焦

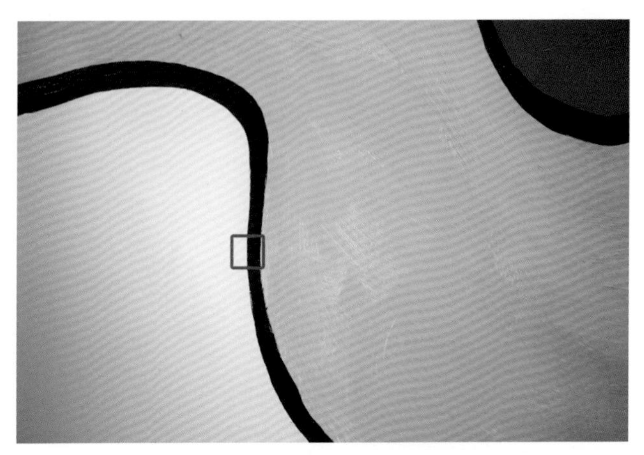

对准有反差的交界处，合焦会非常果断

再举个例子，比如你拍摄穿一身白色衣服的美女，你的对焦点对准衣服上，可能就会“拉风箱”，无法合焦；但如果你对衣服上的商标或者印花，那合焦就没问题。大家可以试试看。

6. 拍虚的原因汇总

大家经常会遇到照片拍虚的情况，但原因各有不同，有的跟快门速度有关，有的跟对焦有关，有的跟景深大小有关。我们在此进行一个简单的汇总。

（1）如果画面整体都是运动模糊的，绝大部分原因就是手持拍摄时快门速度过慢，如下图所示。

（2）如果你想要清晰的地方是模糊的，另一个地方却是清晰的，则是对焦失败，如下图所示。

（3）如果你想要清晰的范围还不够，则是由于景深太浅，如下图所示。

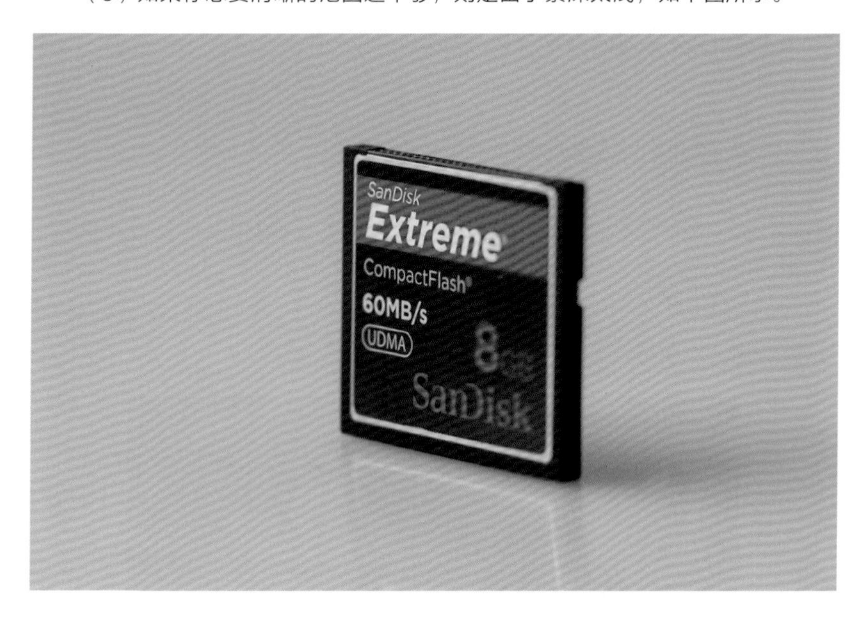

遇到以上三种情况，不要怕，解决问题的思路如下，请参考。

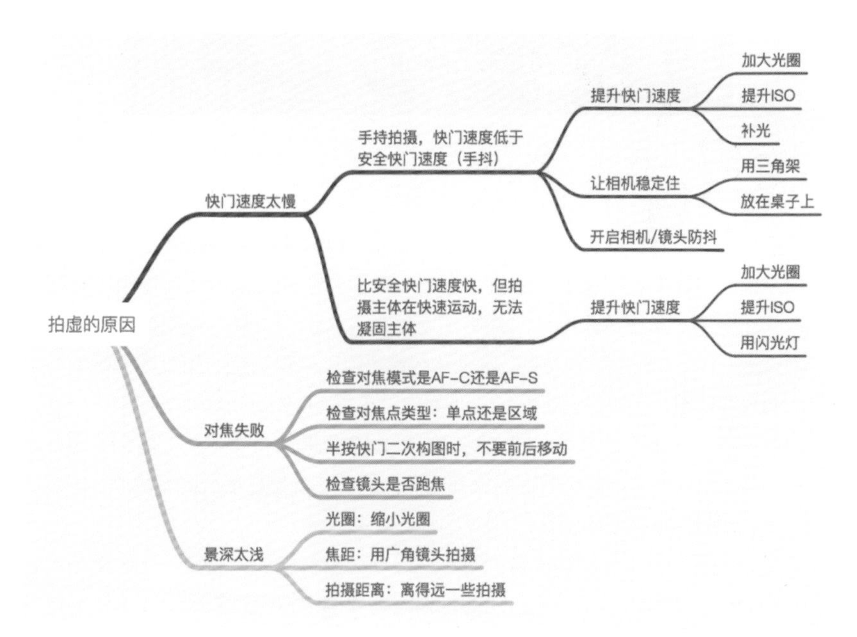

7. 超焦距和全景深是什么意思

——超焦距是什么意思

"超焦距"这个词很唬人对吧，一听就感觉绝对是高阶摄影的不传之秘。其实，超焦距说白了很简单，就是利用广角镜头焦距短、景深大，然后配合一个相对小的光圈，进一步加大清晰的范围。这时候，当我们把镜头调整为 MF 手动对焦之后，把对焦距离设置为某一个地方的时候，比如设置为 3 米，那可能 1 米到无穷远就都会处在景深范围之内，也就是都清晰，在这种情况下，如果你拍摄 1 米以外的东西，就都不需要对焦了，这个呢，就叫超焦距了。

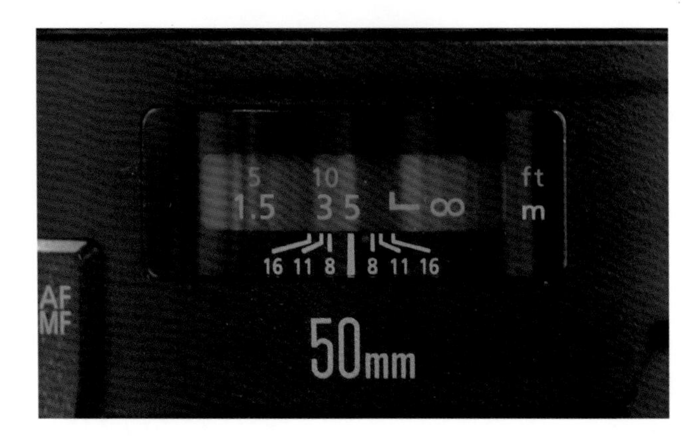

——超焦距如何实现

有点儿绕对吧，好，请大家看上面这张图，咱们看着说。这就是镜头的对焦距离窗口了（低端镜头可能没有），窗口里面白色数字的单位是米，绿色数字的单位是英尺，我们当然就看米就好了。窗口下面有个标尺，中间那根粗的现在指着 5 这个数字，意思就是当前对焦距离就是在 5 米这个位置，中间这根两边呢，分别有 8、11、16 这几个数字，这是什么意思呢，意思就是你用某个光圈的时候对应的景深范围，比如我们用 F16，你看右边这根 16 的线刚好就框住了无穷远，左边则框住了 3 米再往前，说明当我们使用 F16 光圈时，如果把对焦距离调整为 5 米，那 3 米到无穷远这个范围内就都是清晰的。这就是超焦距的意思了。

——超焦距推荐使用吗

至于全景深，其实都是一样的意思，没什么高科技的。通常，在你街拍或者盲拍的时候，超焦距还是比较有用的，你只需要确定拍摄对象距离你不要太近就好了。超焦距通常都需要比较小的光圈，光线好还行，如果光线差，快门速度就会太慢，并且也意味着告别浅景深虚化了，其实也没什么可用性，大家知道原理就好了。另外，有的镜头没有这个小窗口，怎么办？网上应该有相关的计算方法，大家要是不嫌麻烦，不妨去查查看。

第 5 章　如何控制白平衡

1. 照片偏色的原因解析

——引发偏色的原因

有的时候，尤其是在室内光源颜色比较杂乱的情况下，我们拍摄的照片往往会偏色，要么皮肤红得像大虾，要么照片整体青得发冷。其实，照片偏色的原因，归根结底是相机对当前的光线颜色产生了误判，结果导致整张照片的色彩还原失去了标尺，自然就偏色了。对于相机而言，色彩还原的标尺就是白平衡，也就是 WB（White Balance）。

相机的白平衡是可以调整的

大多数情况下，比如户外拍摄风光或者人像，光照条件并不是太复杂，所以我们用相机的自动白平衡就好了，即 AWB（Auto White Balance），基本都能得到准确的色彩还原。但还是那句话，相机毕竟不比人脑，智能程度是有限的，所以在某些情况下，相机就搞不清楚该怎么调整这个白平衡了。举两个常见的例子大家就明白了。

——复杂的环境光容易引发偏色

如果你在晚上路边街灯下面拍人像，或者在老式白炽灯照明的室内拍照，拍出来的照片，可能就会整体偏黄或者偏红。

拍成左边这样也别着急，只要你拍的是 RAW 格式照片，通过后期软件可以很简单地纠正这种偏色

——大面积纯色容易引发偏色

再比如，拍摄大面积纯色物体的时候，相机可能也会犯迷糊，比如近距离拍摄一束玫瑰花的特写照片，相机其实并不知道玫瑰花应该是红色的，甚至完全不知道你拍的是什么，所以，只能靠猜，如下图所示。

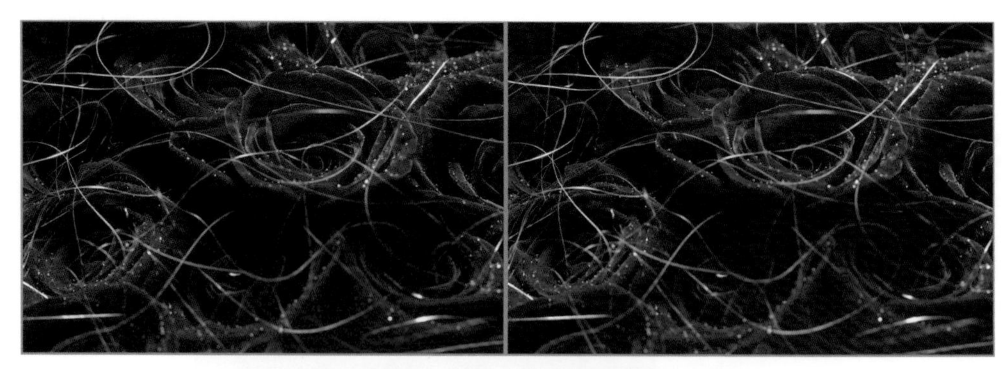

拍成左边这样，相机其实很委屈：我也不知道玫瑰花是什么颜色呀

因此，面对大面积纯色区域的时候，如果自动白平衡可能偏色，那就可以切换成手动白平衡，直接告诉相机当前光源的颜色。比如把白平衡调整为闪光灯模式，就是告诉相机，这照片是用闪光灯拍的，你别搞错了。这样，相机就明白了，于是颜色就准确还原了。如上方的右图就是使用闪光灯白平衡拍摄的，当然，前提是你真的是用闪光灯拍的。

——设置白平衡的简单方法

以此类推，在路灯下面拍照，你可以将白平衡调整为白炽灯试试看，偏黄或者偏红就会有很大程度的减轻。阴天、阴影、荧光灯之类的情况都可以对应调整。但有的同学可能会觉得好难，我不知道这个灯是荧光灯还是白炽灯怎么办？最简单的方法就是开启实时取景模式，看着屏幕调白平衡，你觉得哪个合适，就用哪个。

2. 白平衡如何准确设置

在大多数情况下，自动白平衡（AWB）都是值得信赖的。只有当你拍完一张回放发现有严重偏色的时候，才考虑使用手动白平衡，最简单的方式就是在实时取景状态下，各种白平衡挨个去试，总有一个会让你满意。当然了，如果你明确地知道，比如我现在就是用闪光灯在拍摄，那就直接调整成闪光灯白平衡就好了，就不用挨个试了。

——高老师的白平衡设置

有的同学可能觉得高老师这么教有些不负责任，其实，我自己一直都用 AWB 的，偏色也用，为什么呢，因为我拍的是 RAW 格式的照片，而 RAW 格式照片相对于 JPG 格式而言，其中一个巨大优势就在于，你可以后期通过软件随意指定白平衡，就跟在相机上调整一样，偏色对于 RAW 格式文件而言完全不是事儿。但如果你只拍 JPG 格式，后期就没办法简单高效地二次调整，偏色就是一件特别头疼的事。

好了，你选吧。是选永远 AWB+ 拍摄 RAW 格式文件，然后通过后期精准调整白平衡，还是只拍 JPG 格式文件 +“挨个试”白平衡?

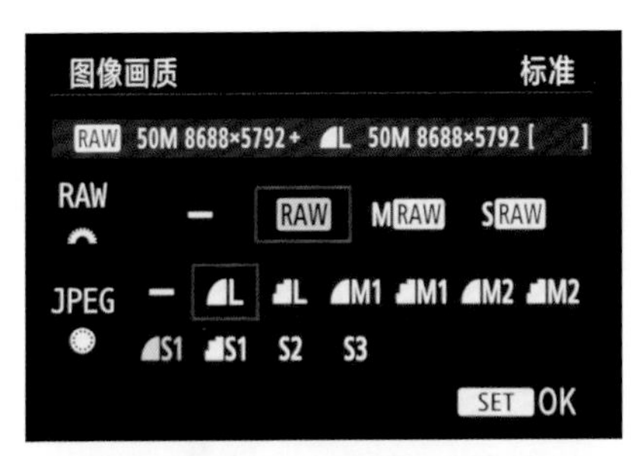

拍 RAW 格式照片，后期可轻松调整白平衡

在 Lightroom 里调整白平衡的菜单示意图

3. 准确的色彩不一定就是对的

——色彩准确还原的意义

大多数时候，我们都希望白平衡准确，色彩还原准确，物体本来是什么颜色，拍出来就是什么颜色。就拿拍翡翠来说，颜色出现偏差，价格可是天壤之别，所以，对于这种拍摄需求而言，精准的白平衡和色彩还原是非常重要的。

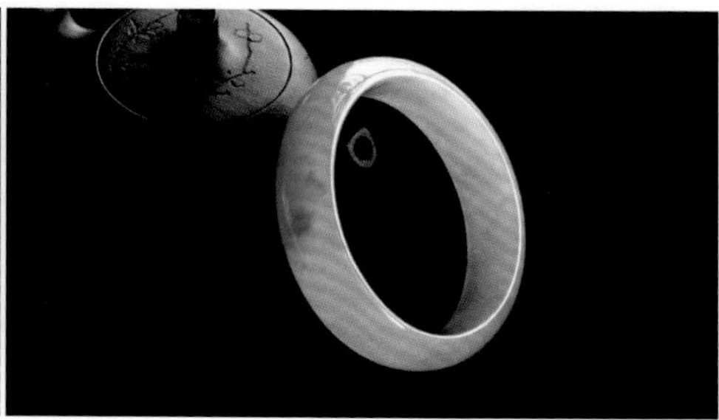

准确色彩还原的意义

——所谓的氛围感是怎么回事

但有的时候，色彩的准确还原可能并不是我们想要的，举个例子，比如拍摄一盘精致的美食，左图是准确的色彩还原，但你看，美食就显得很冰冷，感觉令人没有食欲，缺少了餐厅暖光下的那种微妙的“氛围感”；而右图整体稍稍偏暖（暖即黄、红色；冷即蓝、青色），色彩还原并不准确，但却忠实地还原了拍摄时餐厅暖光下的“氛围感”，反而看上去令人非常有食欲。

氛围感如何理解

准确的色彩还原，真的是你想要的吗

——氛围感对风光摄影的意义

拍摄夕阳下的风景，白平衡刻意地“不准确”，让照片整体色彩偏暖，反而能准确营造出夕阳的“氛围感”。

再比如，日出之前，拍摄森林中的溪流，白平衡刻意地“不准确”，让照片整体色彩偏冷，反而能准确营造出日出前的“氛围感”。

在上面的例子中，高老师反复强调了一个词——“氛围感”。氛围感对于一张照片而言非常重要，这正是由当前环境光线的色彩特点所赋予的，我们可以通过刻意使用错误的白平衡模式，或者后期调整的方式，来强化这种“氛围感”，得到的视觉效果会更好。

第 6 章　其他重要参数详解

1. 照片风格有什么用

在相机菜单中，你会找到一个叫作照片风格的选项，不同的厂家称谓略有不同，其大概意思就是让你选择一个照片的成像风格，通常会有自动、标准、风光、人像、单色等。这有什么用？应该如何用？

简单地说，照片风格指的是相机对色彩表现的倾向。比如使用风光模式，相机会适当提高色彩饱和度，让风光照片看上去更加艳丽；使用人像模式，相机会对肤色进行一定的处理，改善皮肤的暗黄现象；使用单色模式，得到的就是黑白照片了。

所以，大家可以根据自己的拍摄需求来选择相应的照片风格，但需要说明的是，照片风格这个选项只对拍摄 JPG 格式文件起作用，如果拍摄 RAW 格式文件，这个选项不会对 RAW 格式文件起作用，使用通用后期调色软件，比如 Lightroom，RAW 格式文件的照片风格会被“清零”。但如果使用原厂后期软件打开，我们则可以在软件上随意指定你想要的照片风格。

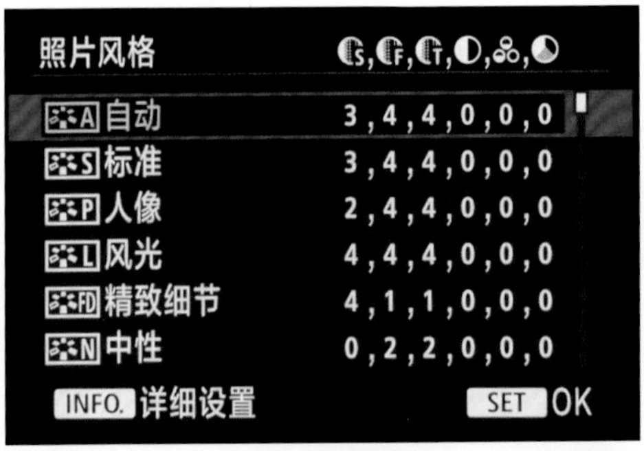

照片风格
自动 3,4,4,0,0,0
标准 3,4,4,0,0,0
人像 2,4,4,0,0,0
风光 4,4,4,0,0,0
精致细节 4,1,1,0,0,0
中性 0,2,2,0,0,0
INFO. 详细设置　SET OK

相机内可以设置照片风格（图为佳能 5DS R 相机的照片风格菜单）

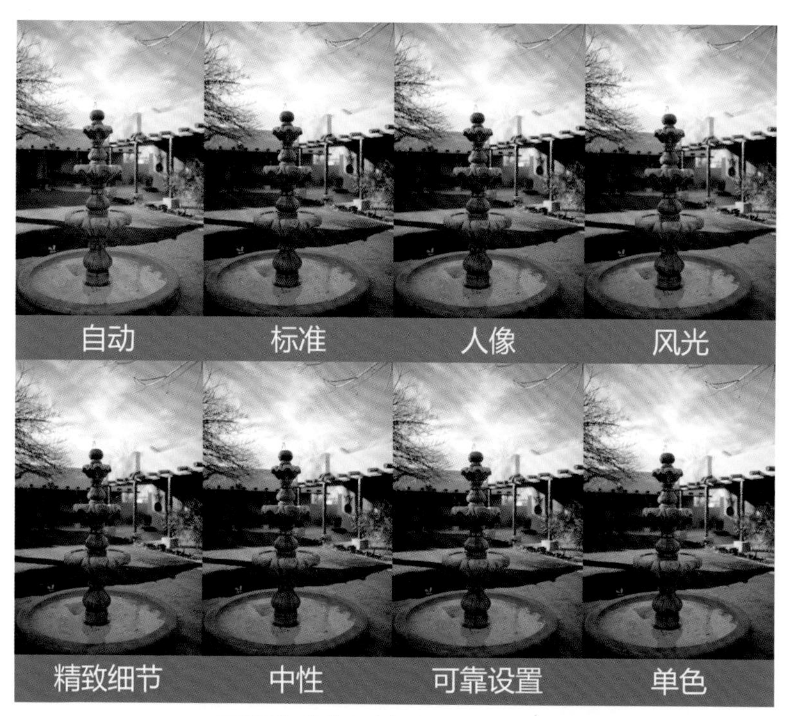

不同照片风格的区别（以佳能 5DS R 相机举例）

通过原厂后期软件，可以随意调整 RAW 格式照片的照片风格（以佳能 DPP 软件为例）

2. 对 RAW 格式文件无影响的选项

既然说到照片风格对 RAW 格式文件没有影响，那下面再来总结一下，其他同样对 RAW 格式文件不产生作用的选项。

镜头相差校正（相机内对镜头的各种优化功能）：只对 JPG 格式文件有用，对 RAW 格式文件没用。

自动亮度优化（可以自动提亮阴影，改善明暗对比）：只对 JPG 格式文件有用，对 RAW 格式文件没用。

色彩空间 sRGB 还是 Adobe RGB：推荐 sRGB。只对 JPG 格式文件有用，对 RAW 格式文件没用。

各种降噪：只对 JPG 格式文件有用，对 RAW 格式文件没用。

别看每个相机菜单有那么多页，但如果你拍 RAW 格式文件，处理起来就更简单了，直接忽略就好了。

就拿高老师自己而言，不论什么相机，拿到手后我会先把照片格式设置为 RAW 格式文件，白平衡设置为自动，然后就拍了，即便菜单有 100 页，也是直接忽略就好了。当然了，高老师这是心里有底，对于初学者而言，看一遍说明书，知道哪些对你有用，哪些对你没用，再做相应的调整，才是正道。

3. 高光警告和屏幕亮度

——高光警告比直方图更有用

“高光警告是一个非常有用的功能，比直方图更有用。”这个功能会以高亮闪烁的形式标出照片中过曝的地方，在测试曝光的时候，可以作为参考的依据。比如在拍摄风光的时候，我们不希望天空中的白云大面积过曝，那就可以开启高光警报功能，去查看具体是哪里过曝了。

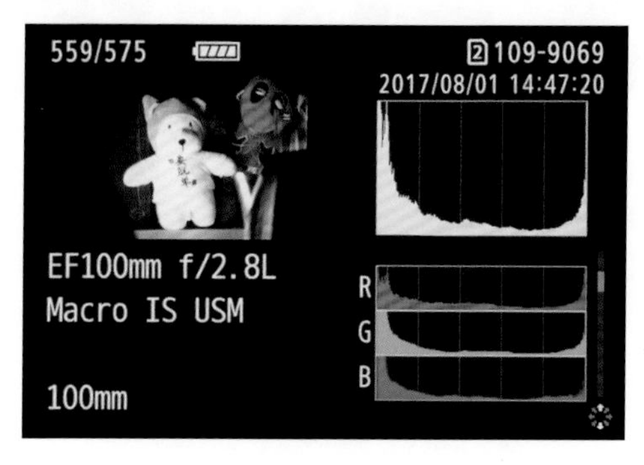

直方图无法告诉我们具体是哪里过曝了

在相机菜单中可以开启高光警告功能

闪烁的区域，即表示纯白过曝了

——屏幕亮度推荐手动固定

另外，友情提示，相机屏幕的亮度千万别设置为自动，如果设置为自动，在比较暗的环境下，屏幕会变暗；在户外的时候，屏幕会变亮，而这种亮度变化，会严重影响你回放照片时对曝光结果的判断。推荐将屏幕亮度选择手动，设置为中间挡默认亮度即可。

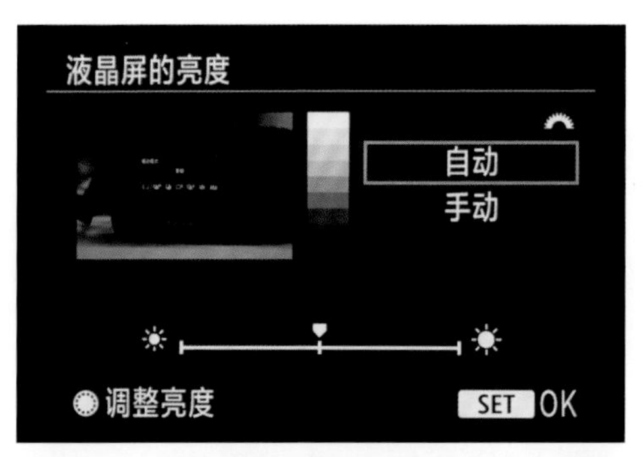

自动模式下，屏幕亮度会根据环境光强弱而改变，你无法准确判断曝光是否准确

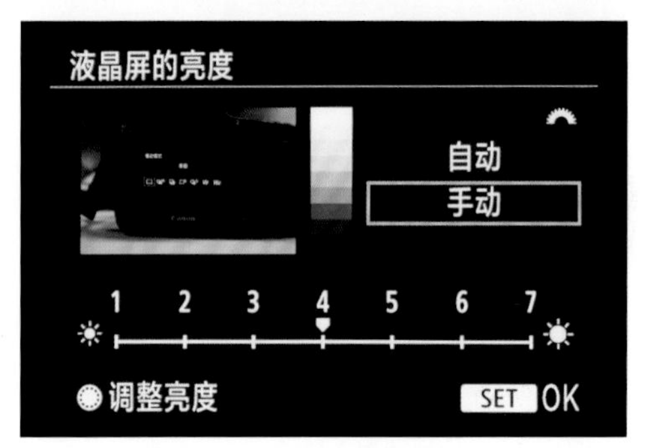

推荐手动模式固定屏幕亮度，查看曝光结果才有参考性

4. 如何获得最佳画质

大家经常觉得自己照片画质不好是因为相机或者镜头不好，其实，当我们知道有哪些参数和设置对画质会产生影响之后，我们就能最大可能地发挥出你手头器材的潜力。

——尽可能使用低感光度

首先，感光度对画质的影响是最为明显的，如果你希望画质更好，建议尽可能使用较低的感光度来进行拍摄。那有同学可能会问，高老师，那在暗光环境下，低感光度容易手抖拍虚啊，怎么办？如果你的拍摄对象是静止的，比如夜景，建议使用三脚架，有了稳定支撑，感光度设置为 ISO 100 就可以了啊，为什么一定要强求手持 ISO 6400 依然画质一样（优秀，没有噪点）呢？

对于商业摄影而言，用闪光灯配合低感光度进行拍摄是常见的方式

另外，对于以画质为优先考虑的拍摄需求，我们应当想办法一定要使用最低感光度进行拍摄，比如商业摄影、影棚摄影、风光摄影等，拍摄商业人像，为什么必须要一堆闪光灯呢？原因就在于此。

——拍 RAW 格式照片

拍摄 RAW 格式照片可以最大限度地发挥传感器的性能，尤其是在宽容度和后期修图空间这两个方面，RAW 格式照片拥有绝对的优势。打个比方，你的相机价值 2 万元，如果只拍 JPG 格式照片，可能意味着你浪费了其中的 1.8 万元。拍摄 RAW 格式照片，配合合理的后期修图流程，可以让你的照片画质和效果远远高于“JPG 直出党”。不要嫌后期麻烦，对于一名有追求的摄影玩家，后期修图是必备技能。

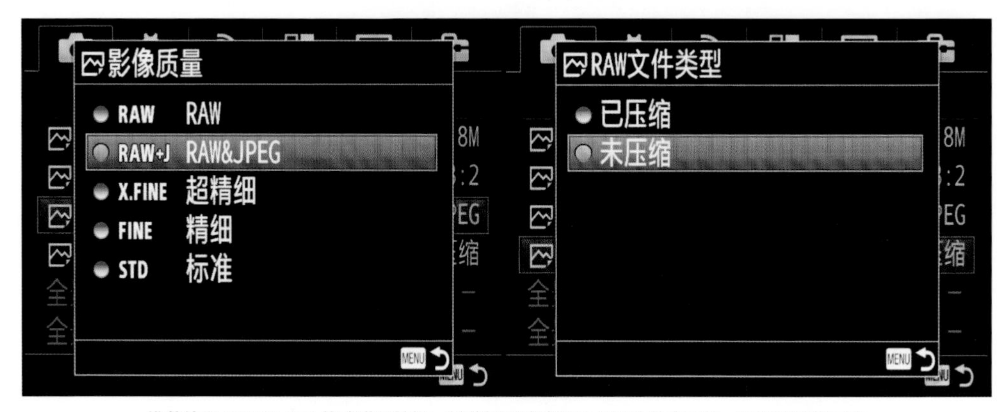

推荐使用 RAW+JPG 格式进行拍摄，某些机型请确保 RAW 文件未压缩，以保证最佳画质

左侧为 RAW 格式原片，右侧是使用 Lightroom 调色之后的人像成片

左侧为 RAW 格式原片，右侧是使用 Lightroom 调色之后的风光成片

——使用镜头的最佳光圈

通常，镜头在最大光圈下，画质往往都不是最好的，即便是著名的佳能 85mm F1.2L 镜头，你以为在 F1.2 的情况下，这镜头的画质也很不错？通常，把光圈收缩一两挡，画质就会有极大的提升，包括分辨率和色散控制能力，“狗头”其实也能有春天。绝大多数镜头在 F8 左右的画质是最高的，如果你优先考虑画质，建议使用镜头的最佳光圈进行拍摄。当然了，这是个选择题，85mm F1.2L 在 F1.2 的时候虚化无敌，但如果为了画质收缩到 F8 去拍美女，同学，你的心不会痛吗，为什么不买便宜很多的 85mm F1.8 呢？反正这支镜头我永远只用 F1.2，画质好有什么用？美女并不在意这些。

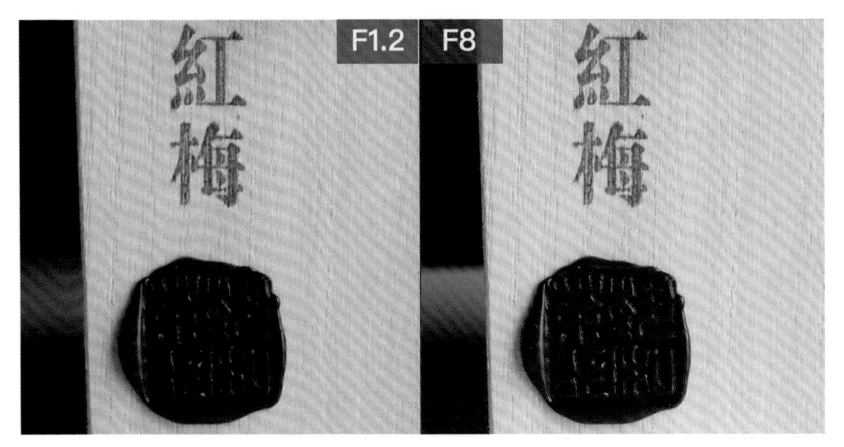

同一支镜头最大光圈与最佳光圈的画质区别（100% 切片对比）

当然了，目前推出的大光圈镜头，在最大光圈下画质也已经非常好了——奶油般虚化的焦外以及刀切般锐利的焦内，鱼和熊掌已经可以兼得了，大家不妨看看相关的评测文章。对于镜头，买新不买旧是真理，至于那些老镜头的“德味大师毒”，别太当真。

——减轻震动的技巧

在相机有稳定支撑的情况下，比如在三脚架上，首先请关闭相机和镜头的防抖功能，因为开启防抖反而会引发轻微震动，对画质有负面影响。另外，在三脚架上拍摄，当我们按下快门的时候，相机不可避免地会产生位移，这时，可以开启 2 秒或 10 秒延迟自拍模式来规避掉按快门引发机身晃动的风险。如果你的相机有反光板预升功能，建议开启，会进一步降低反光板抬起所引发的震动，当然了，中低端相机没有这功能，你也别哭，我们可以用实时取景模式来替代，因为在实时取景模式下，反光板本来就是抬起状态的，效果也是一样的。

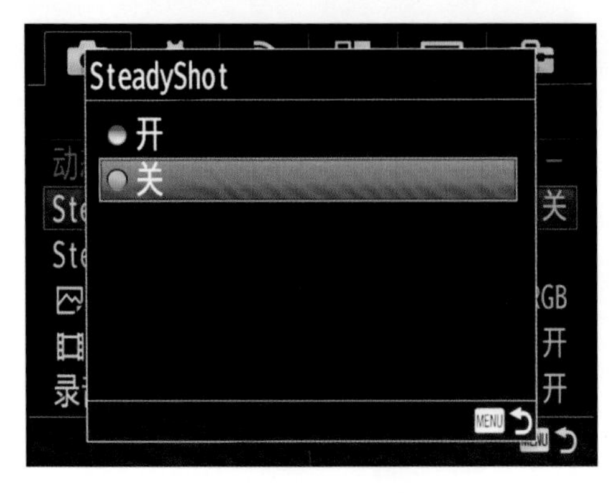

在三脚架上，请关闭镜头和机身的防抖功能

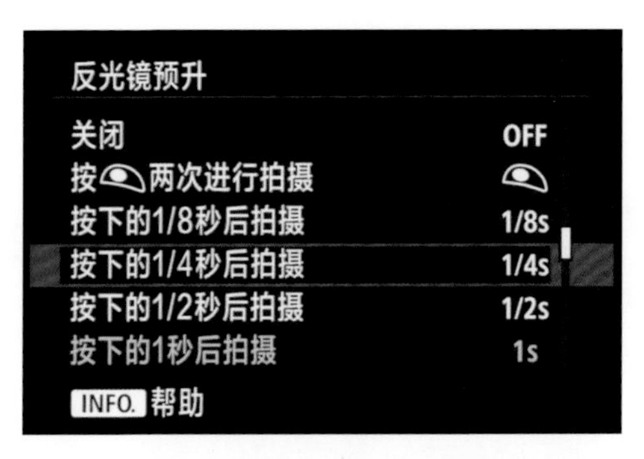

如果相机支持反光镜预升，建议开启

如果相机不支持反光镜预升，建议使用实时取景 +2 秒 /10 秒延迟自拍模式，效果相同

第7章 有用的附件有哪些

1. UV 滤镜没什么用

UV 滤镜的作用其实是过滤紫外线，让色彩还原更准确，在胶片时代作用可能更大一些，但目前数码相机传感器本来就对紫外线不敏感，所以，有 UV 镜和没有 UV 镜其实没什么太大的差别，大家更多是把 UV 滤镜当作镜头保护镜在用，图个安心。这本来没什么错，但不管多么高端的 UV 滤镜，总归会在镜头前面挡一层，肯定会对画质产生不好的影响，所以，高老师的镜头从来都是“裸奔”的。至于买相机时赠送的 UV 镜，假货很多，画质影响会更严重，比如你买了个牛头，但拍出来的画质非常渣，那不妨拆掉前面的 UV 镜再试试看。

常见且有用的三种滤镜

2. CPL 滤镜很有用

有的滤镜效果，后期可以模拟出来，而有的滤镜效果，后期你还真没办法做出来，CPL 滤镜算是一个，它属于拍风光必备，不可替代。

——消除反光

CPL 滤镜也叫作偏振镜，可以阻挡某些特定的光线，你看，关键就是“特定”这俩字，所以效果就比较特殊。简单地说，CPL 滤镜可以消除反射光，比如拍摄水里的鱼，由于水面有反光，你拍不清楚，用 CPL 滤镜就可以把水面的反射光消除掉，鱼就清晰可见了。CPL 滤镜还能用在拍摄玻璃橱窗里面的陈列品等场景，消除玻璃橱窗的反光。

使用 CPL 滤镜消除水面反光

——让蓝天变得更蓝

CPL 滤镜还可以让天变得更蓝，不过需要说明的是，CPL 滤镜是可以旋转的，你得一边看着取景器或者屏幕，一边旋转，看实际的效果，不是说安装上就能直接拍的。另外，使用 CPL 滤镜压暗蓝天，还需要看角度，不是说任何角度都有理想的消除效果，最好的角度是与阳光呈 90°，就是当太阳在你的正侧面时效果是最好的。大家可以多试试看，找到合适的角度。

使用 CPL 滤镜压暗蓝天

——CPL 滤镜会增加暗角

最后需要说明一点的是，CPL 滤镜会降低进光量，手持拍摄时需要注意快门速度会不会降低到引发手抖的程度，还有就是，CPL 滤镜会增加暗角，尤其是质量不好的 CPL 滤镜会使画面的四个角会黑得比较明显。至于购买建议呢，建议风光摄影玩家都买一块，不一定经常用，但有的时候 CPL 滤镜能帮你很大的忙。

3. ND 滤镜很有用

ND 滤镜也是一种很常见的滤镜，作用跟我们的太阳眼镜是一样的，就是减低进光量用的，很多同学想不通——啊，我终于攒够了钱买了个超大光圈镜头，晚上手持拍摄终于能端稳了，你却建议我买 ND 滤镜减少进光量？是高老师疯了还是这个世界疯了？

高老师没疯，ND 滤镜主要是拍摄慢门用的，拍摄风光才用得到，而且通常是在三脚架上才用的。那 ND 滤镜减光的意义在于哪里呢，试想一下，你肯定看到过那种如丝绸般顺滑的溪流，拉出丝线的流云之类的照片对吧，这类照片的快门速度通常都比较慢，几秒到几分钟不等，如果你在白天拍摄，即便将光圈收缩到最小，快门速度可能也达不到这么慢，慢门的效果也就出不来。这时候，你要是有块 ND 滤镜，就可以进一步降低你的快门速度，就能拍了。很好理解对吧。

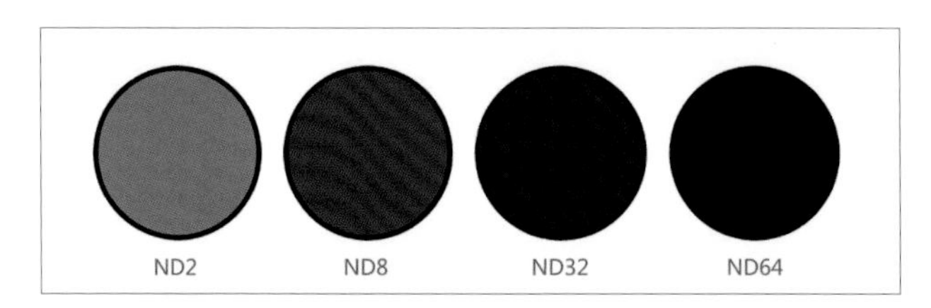

ND 滤镜其实就是“墨镜”，作用是阻挡部分光线进入镜头

使用 ND1000 在白天也能拍摄慢门瀑布

ND 滤镜有各种不同的型号，对应不同的减光量，比如 ND2 就减一挡，ND4 减两挡，ND8 减三挡，以此类推，ND1000 就是减 10 挡。拿 ND1000 来举例，比如之前你的快门速度是 1/10 秒，安装上 ND1000 之后，快门速度就能降低至 100 秒，拍慢门的时候，效果是完全不一样的。所以，建议在白天也想拍慢门的同学，购买一块 ND1000，拍摄出的效果很好。

当然了，你也可以选择不买，为什么一定要白天拍呢，凌晨或者太阳落山之后也一样能拍慢门对吧。最后需要说明的是，ND 滤镜是可以叠加使用的，两块 ND2 一起用，效果等同于使用一块 ND4，大家可以购买多片，根据自己的需求叠加使用。

4. GND 又是什么东西

GND 就是渐变减光镜，听名字大家就能明白个大概，ND 是一整块均匀的滤镜，整个画面的减光量都是一致的。而 GND 呢，就是一个渐局部减光的滤镜，从一头黑，慢慢渐变到中间变成透明。

使用软渐变 GND 滤镜的前后对比效果

那 GND 滤镜是干什么用的呢，其最典型的应用就是在拍摄风光的时候压暗天空。大家想象一下，风光玩家经常会遇到一个问题，天空太亮，地面太黑，无论怎么拍都没办法得到和谐的曝光，要么天空曝光正常，但地面就一片死黑，要么地面曝光正常，天空就过曝一片惨白。这时候，安装一块 GND 渐变滤镜，用黑的那边压暗天空，而地面的部分正好是透明的，不会被压暗，就能很好地平衡光比，拍摄出天空和地面曝光都正常的照片。

GND 滤镜其实也有很多不同的规格和种类，首先是减光的等级，这跟 ND 滤镜是一个概念，另外就是渐变的形式有所不同，常见的有三种，用得最多的是软渐变 GND 滤镜，也叫柔和渐变 GND 滤镜，渐变的过渡比较柔和。与之相对的是硬渐变 GND 滤镜，过渡比较急促，适合地平线平直的场合，天空可以得到一致的减光。最后一种反向渐变 GND 滤镜用得比较少，通常用于拍摄日出、日落这种画面中央区域特别亮的场景。

GND 滤镜一般是方形的，比如 100mm × 150mm，你可以上下移动来得到

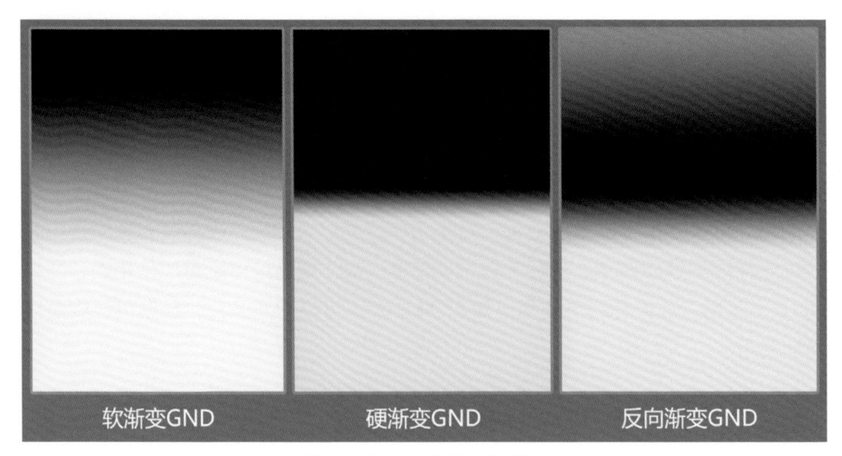

常见的三种不同渐变 GND 滤镜

不一样的压暗效果。但价格通常会比圆形滤镜贵很多。需要专门购买方形滤镜支架，比较费钱，但对于风光玩家而言，GND 滤镜是神器，有钱就买，没钱攒攒也得买。

5. 三脚架如何选

——风光摄影如何选

三脚架非常有用，可以让你摆脱器材性能的局限，让画质变得更好，并且还能实现各种特殊的慢门拍摄效果。那如何挑选一款合适的三脚架呢？首先应该想清楚你的需求，你买三脚架干什么用，比如，你经常外出，想带着去爬山、去拍风景，那建议优先选择轻巧便携的，最好是可以反折的，让体积进一步缩小，这样呢，不累，可以让你走得更远。如果你直接买个又大又沉、价格也贵的重型三

类型	重型三脚架	便携三脚架
重量	3100g	1260g
收纳长度	620mm	395mm
承重	6Kg	4Kg
参考价格	约2000元	约400元

两种不同类型三脚架参数对比

脚架，那估计你以后是不愿意带着它出去外拍的，购买的意义也就没了。

当然了，如果你的器材的确比较沉重，比如旗舰机的机身配长焦大炮镜头，那只能选择稳定性和支撑性更好的重型三脚架，在选购的时候，需要关注三脚架和云台的最大承重能力是多少公斤，看够不够你用。

——室内拍摄如何选

在室内拍摄，尤其是进行精细创作的时候，三脚架的稳定性和精细调整能力是需要我们优先考虑的，高老师个人觉得云台比三脚架更加重要，建议购买可以精细调整角度的那种带手柄或者旋钮的三维云台，这样可以让你更加精准地构图。

三维云台可以实现更加精准的构图微调

另外，三脚架的材质也有区别，目前主要有两种，铝合金和碳纤维，相对而言，碳纤维更轻巧，稳定性更好，但缺点就是价格会比较贵。大家可以根据预算来选择。

左侧：铝合金　右侧：碳纤维

如果你经常需要在恶劣的环境中使用，那可能还需要考量一下三脚架的防护性能，比如经常去海边拍摄，就得看看这个三脚架可不可以防沙子进入，有没有比较好的抗腐蚀能力，等等。

对于喜欢拍摄微距的朋友而言，三脚架的中轴可不可以横置或者倒置，也是需要考虑的问题，你想啊，在拍摄距离很近的时候，三脚架会比较碍事对吧，中轴横置可以让你离得更近；倒置呢，则比较适合拍摄位置比较低的物体。

至于品牌，其实国产品牌就很好了，像百诺、思锐啊，都不错。当然，如果你的预算不是问题，可以考虑国际品牌的曼富图之类，土豪级的同学可以考虑捷信，嗯，根据自己的预算来就好了。

6. 快门线有什么用

绝大多数相机，最慢快门速度是 30 秒，如果想要更长时间曝光，比如 10 分钟或 1 小时，就需要使用 B 门配合快门线来实现。快门线，顾名思义，相当于是快门按钮的延伸，而且快门线上有曝光锁定功能，锁定之后，相机就一直曝光，直到你解锁，曝光才停止，所以，配合快门线，你想曝光多久都可以。对于慢门摄影而言，快门线是必须的。

不过，新近推出的部分相机机型已经内置了长时间曝光的功能，可以直接在菜单中设置曝光时长，如果你的相机有这个功能，就不用另购快门线了，具体可以查看相机说明书。

快门线上有一个快门按钮，半按快门对焦，全按拍摄照片

全按下去之后，把锁定装置向上推，即可一直曝光

7. 反光板要不要买

对于人像摄影而言，尤其是户外人像拍摄，反光板是非常有效的补光工具，在光线强烈的环境下逆光拍摄时，你会发现，背景往往很亮，摄影对象则比较黑，如果没有反光板，那就需要增加曝光补偿，让摄影对象亮起来，但这样的话，背景自然就跟着过曝了，如果有反光板，则可以通过反光的形式，把摄影对象阴影面提亮，这样，背景曝光合适，人也亮了，光比就显得更加和谐。

想要背景曝光正常，处于逆光位的人物主体必定会欠曝

想要人物主体曝光正常，就需要增加曝光量，背景也会随之过曝（这其实也可以理解为高调逆光小清新风格，效果其实也挺好）

借助反光板，就可以在背景曝光正常的基础上，给人物主体补光，二者的光比就会显得更加和谐

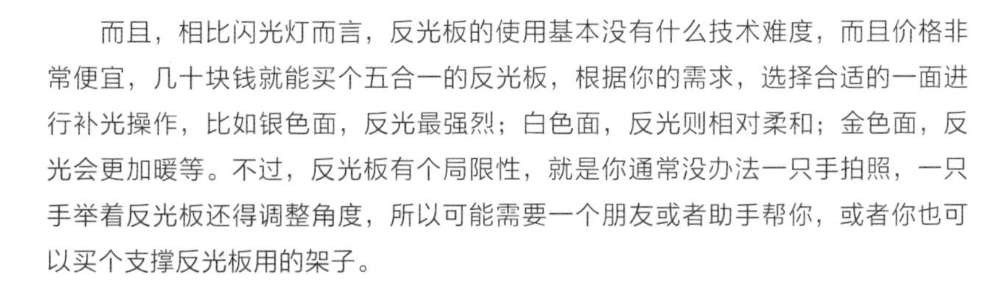

而且，相比闪光灯而言，反光板的使用基本没有什么技术难度，而且价格非常便宜，几十块钱就能买个五合一的反光板，根据你的需求，选择合适的一面进行补光操作，比如银色面，反光最强烈；白色面，反光则相对柔和；金色面，反光会更加暖等。不过，反光板有个局限性，就是你通常没办法一只手拍照，一只手举着反光板还得调整角度，所以可能需要一个朋友或者助手帮你，或者你也可以买个支撑反光板用的架子。

8. 闪光灯要不要买

对于喜欢拍摄人像的同学来说，在初学摄影的这个阶段，高老师不建议大家买闪光灯，因为，在你不会用闪光灯的前提下，使用闪光灯往往会起反效果，还不如使用反光板合适。为什么这么说呢，因为闪光灯这套知识体系是相对独立的，跟你目前对摄影的认识有很大的区别，在没有系统学习闪光灯之前，真的可以暂时先放一放。等你把这本书完全学透了，高老师的闪光灯教程可能也出书了，到时候再学不迟。

第 8 章 认识光影才能拍好照片

1. 光的四要素

在进入本节正文之前，请大家看图思考，在同场景，使用同机位、同器材，为什么得到的照片差别就这么大呢？

晴天的光影效果

都说摄影是用光的艺术，很多同学对器材，对拍摄技法都懂，但就是拍不出好照片，原因可能就在于你不了解光影，本末倒置了。对于摄影的结果而言，掌控光影其实才是最重要的，在掌控光影之前，我们先要去了解光的本质，大体来说，不论什么光都有四个要素（也有很多人总结了六要素、七要素，高老师觉得，四个就差不多了），即强度、颜色、角度和光质。

（1）强度

这很好理解，就是光到底亮不亮，比如晴天中午 12 点的户外，光就很亮；而晚上河边的小树林，光就很弱。对于摄影而言，光的强弱，影响其实不大，因为都是自动测光嘛，如果光太亮，相机自动就提升快门速度了，拍出来也不会特别亮；而如果光比较弱，咱们提升感光度，或者加大光圈就可以了嘛，也是可以拍的，顶多就是画质差点儿，或者上三脚架用慢速快门，也是一样拍。至于特别特别暗的环境，还可以用闪光灯补光嘛。

雪天的光影效果

（2）颜色

就是光源的颜色，这也很好理解，比如日光和闪光灯是白色的，路灯是黄色的，夕阳是红色的，有的店里是五彩缤纷的。遇见带颜色的光线，你有两个选择：一是调整白平衡，把这种光线中附带的色彩给摒弃掉，让物体还原成本来的颜色；二是用日光或者闪光灯白平衡拍摄，保留光线的颜色和氛围感。

（3）角度

光的照射角度这也很好理解，通常，光线的角度有三个大类——顺光、侧光和逆光。当然，如果再细分，还有侧逆光、顶光之类的，按照字面意思大概就能理解了。比如顶光就是光源在模特头顶、而逆光就是光源就在模特正后方。

（4）光质

光质稍稍有些不太好理解，简单地说，就是这个光是柔和的还是硬朗的。举个最简单的例子，阴天，光就很柔和，你甚至很难找到脚下的影子在哪儿；而万里无云的大晴天，光就很硬朗，影子非常明显。

光质的柔与硬对照片的对比度有很大的影响。通常，在柔光下拍摄的照片，往往没有特别亮或者特别暗的地方，画面显得比较柔和，对比度比较低，看上去会比较平淡。而在硬光下拍摄的照片，明暗对比就特别明显，对比度就非常大，如果控制得不好，会让照片缺少明暗过度，缺少层次。这里涉及光比的问题，稍后会展开讲。

光质是由什么决定的呢？就自然光摄影而言，光质主要是由光源的大小来决定的，大家记住，光源面积越小，光就越硬；光源面积越大，光就越柔。就拿晴天和阴天来说，为什么晴天光特别硬呢，因为光源就是太阳，而太阳由于距离我们实在太远，相当于就是一个很小的点状光源，跟强光手电筒似得，发光面积很小，所以就很硬。而阴天呢，有的同学说光源也是太阳啊，没错，但太阳发出的光，被头顶的云层给遮住了，实际照亮地面的，其实是头顶的整个云层，这个光源面积就非常大了，所以呢，阴天拍照，就显得非常柔和。

以上这些内容大家能想明白吗？想不明白的同学，别急，你再想想。

2. 什么是光比

光比是什么意思呢，简单来说就是光源亮度的比值。如果你有两支可以调节亮度的台灯，一左一右照亮一个小物体，比如一个圆球，光比这个概念就比较好理解。

1:1

2:1

1:0

（1）如果俩灯一样亮，光比就是 1：1。

（2）左边全亮，右边一半亮，光比就是 2：1。

（3）左边灯亮，右边灯灭，光比就是 1：0，也就是光比无穷大。

第一种情况，光比就比较小，1 : 1 嘛，这个在中间的圆球就显得比较柔和，哪哪儿都是亮的，比较平淡，没什么立体感；第二种情况，光比就稍稍大了一些，左边更亮，整体有明显的明暗关系，圆球就显得比较立体；第三种情况，圆球只有左边是亮的，右侧是全黑的，光比非常大。

知道了这个光比的原理，就能理解阴天光线为什么那么柔，晴天光线为什么那么硬了。还是不明白？展开来讲就是，阴天呢，天空像一个超大面积的光源，可以理解为多个光源从各个方向照下来，光线就相当的柔和。晴天呢，就一个太阳照亮“向阳”的一面，阴影没有光源给补光，于是就像最右边的那个球，明暗对比非常明显。至于中间的那个效果，同学们，还记得反光板的作用么，是不是很眼熟。

3. 晴天光线的特性

——光比太大

摄影初学者经常有一个误区，哇，今天终于放晴了，万里无云，赶紧出去拍照。其实，万里无云的大晴天，不论是拍摄风光还是人像，效果都不会太好，归根结底就在于晴天户外光线的特性——太硬、光比太大、对比度太强烈。拍出来的结果看上去缺少过渡，被光照射到的地方就特别亮，阴影部分就死黑一片。

所以，如果你是一个风光摄影爱好者，出门拍摄之前，不妨先看天气预报，如果是大晴天，天上一朵云都没有，那就算了，又晒，又拍不出好的效果，不如改天再去拍，何必为难自己呢。

光比太大导致画面欠缺层次

——拍人像的技巧

如果你想要在晴朗的户外拍摄人像，可能会遇到两个问题。如果顺着光拍，模特儿会睁不开眼睛，并且脸上油光比较厉害，这样拍出来效果必定是很难看的；如果你逆光拍，脸就会比较黑，当然，你可以加曝光补偿，脸部的确可以亮起来，但背景往往也就过曝掉了，效果也不太好。怎么办呢？记住一个技巧，把模特放在建筑物的影子里面拍摄，效果会好很多，因为即便是在大晴天，影子里面的光线也依然是非常柔和的，没有强烈的明暗变化，模特的眼睛也能睁开。你甚至还可以通过调整模特与影子边界的距离，来调整模特的亮度，相当于是把影子外面的地面当成了天然的反光板，拍出来的效果也是非常不错的。

走两步，找个影子里再拍，效果就好很多

在阳光下直接拍照，效果不怎么样

另外，合理使用反光板也可以很好地改善晴天拍人像的光影效果。逆光拍摄时，可以用白色或者银色面为模特补光，另外，五合一反光板的中间那个半透柔光层，还可以用来放在模特头顶，起到遮挡和柔化阳光的作用，效果也是非常不错的。大家不妨试试看。

——白云是好东西

如果天空中有朵朵白云，对于风光摄影而言，画面效果会瞬间提升很多。首先，天空不再是空旷的纯蓝一片了，很大程度避免了照片"头轻脚重"的失衡感；其次，设想一下你站在高处拍摄脚下的盆地，地面上也会有白云的影子，可以让照片增加一些"戏剧性"的光影效果，也会比较有看头。如果拍人像，你可以等太阳被云朵遮挡住的时候拍摄，光影效果会柔和很多。

以上这些晴天拍摄的小技巧，大家不妨多多尝试，知道了原理，再结合实战，必有大收获。

当然了，如果你说："老师，我就想拍对比强烈的那种效果。"那我绝不拦着你，知道自己想要的就好，比如下页这张照片，我觉得也挺好。

天空有云朵，画面更平衡

不是说大光比就不好，主要看你是否需要

4. 阴天光线的特性

跟晴天硬朗的光线相比，阴天的光影效果又是另一个极端——非常柔和，几乎找不到影子在哪里。这样拍摄出来的照片会显得比较柔和，细节比较丰富甚至由于没有特别亮或者特别暗的地方，照片会显得比较平淡，没什么立体感和质感。当然，我们可以通过后期调整的方式，让照片不那么平淡，但大家需要知道，平淡的原因绝对不是你相机和镜头不好。

阴天拍摄的照片，细节非常丰富

没有明显的高光和阴影

在大雾天，抽象的形状更好拍

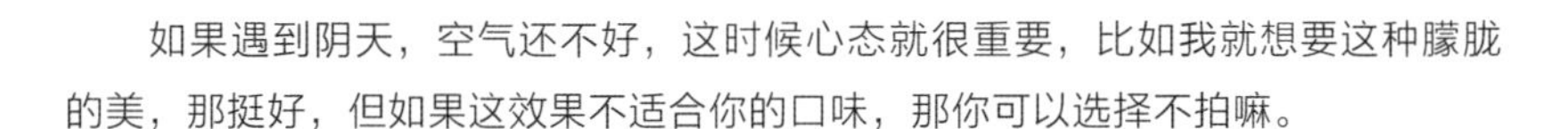

如果遇到阴天，空气还不好，这时候心态就很重要，比如我就想要这种朦胧的美，那挺好，但如果这效果不适合你的口味，那你可以选择不拍嘛。

5. 日出、日落光线的特性

对于风光摄影而言，拍摄的黄金时机是日出和日落这两个时间段，具体大概是日出和日落前后半小时，如果你是个风光摄影爱好者，如果你想出风光大片，请尽量在这两个时间段去拍摄。为什么呢？这里就涉及这两个特殊时间段光线的特质。

首先，在日出和日落这两个时间段，太阳的角度很低，根据你拍摄机位的不同，可以是低位的逆光、侧光或者顺光。正是由于这种极低的角度，可以形成非常戏剧性的光影效果，远比太阳照在头顶，哪里都亮的效果好很多。

同时，这两个时间段，光的色彩也充满戏剧性。与白天的白色阳光不同，日出和日落的时候，光线是红色的，如果遇到合适的天气和云层，有很大的概率遇到火烧云、漫天的晚霞等，再配合深蓝色的背景天空，这时的色彩，简直就是梦幻啊。同学们，咱们闭眼一起想象一下。

另外，日出这个时间段，天空是暖暖的橘黄色，地面是冷冷的蓝色的，这就形成了冷暖对比的关系，让照片看上去更好看。同时，如果你处于草原或者森林中，这个时段往往有地气或者晨雾，会让照片更有层次感，而且阳光穿透过雾气，会形成梦幻的光柱，也叫“丁达尔效应”，会让风光照片看上去更独特。

需要注意的是，日出和日落这段时间，光线的变化非常快速，明暗和色彩的变化都可以用转瞬即逝来形容，建议多拍，然后选择一张光比和色彩最为和谐的照片。还有就是，这段时间光比往往比较大，我们可以通过拍摄 RAW 格式照片，再进行后期调整的方式让照片层次变得更加丰富，或者使用 HDR 的方式，前期在三脚架上拍摄三张 ±3 挡不同曝光的 RAW 照片（-3EV、0EV、+3EV），通过后期合成的方式，得到一张光影更加舒服的照片。本章的第一张晚霞照片就是 HDR 合成的，原片的地面和建筑其实基本上是漆黑一片的。

可遇不可求的火烧云

日落之后，还有短暂的时间可以出大片

日出之前，也是风光摄影的好时机

6. 夜晚光的特性

城市夜景是大家经常拍摄的主题，因为当各种灯亮起来之后，会显得灯火辉煌，色彩也非常漂亮。但是，即便拍摄拉斯维加斯这样的世界顶级夜景，如果拍摄时机不对，效果也就这样。

错误时机的夜景

为什么呢，我们先来分析一下夜晚光线的特点。通常，夜晚的光源基本是人造光，也就是各种灯光，优点是色彩丰富，缺点是被灯光照亮的地方特别亮，那些没有被灯光照亮的地方则是漆黑一片，而且更重要的是，天空是漆黑一片的。所以，拍出来的风光照片，上半部分往往是非常空旷的，而下半部分的地面，光比则太大，明暗对比太强烈。那应该如何改善呢？其实很简单，我们只需要调整一下拍摄时机就好了，别等到天彻底黑透了才拍，而是应该在太阳落山之后，天空还有一些亮度，且恰好是迷人的深蓝色的时候进行拍摄，这时，地面的灯光也已经亮起来了，配合还有一些亮度的天空，会显得非常漂亮，如下页图所示。

下面这张照片的拍摄时机也是在太阳落山之后，天空的色彩非常漂亮，城市的灯光在移轴镜头的独特虚化之下也显得很有趣。

当然了，在暗光环境下进行严谨的摄影创作，三脚架是必不可少的。

7. 顺光、侧光、逆光的区别

不论是自然光摄影还是闪光灯摄影，光线的角度都非常重要，直接影响了照片最终的光影效果，而这方面的知识与技巧，很多同学往往都不了解，结果拍出来的照片，不是很平淡，就是有各种技术性问题。

举个例子，之前我们说过，在户外拍摄人像，不要在正午拍摄，因为这个时间段，光源是太阳，直接照射在拍摄对象头顶，得到的画面效果会很差。相比之下，太阳在稍微倾斜一些的位置时，比如早上 10 点之前，或者下午 4 点以后，效果会明显好很多，因为这时候，光线就有角度了，这种有角度的侧光让我们拥有更多的创作空间，而且对立体感的营造也有明显的作用。

我们通常把光线按角度大致分成三种——顺光、侧光和逆光。很好理解，比如你下午 5 点在户外拍摄人像，通过调整太阳、模特和相机三者的相对位置，就可以得到这三种不同的光效。

顺光，即模特面对着光源，如下图所示。

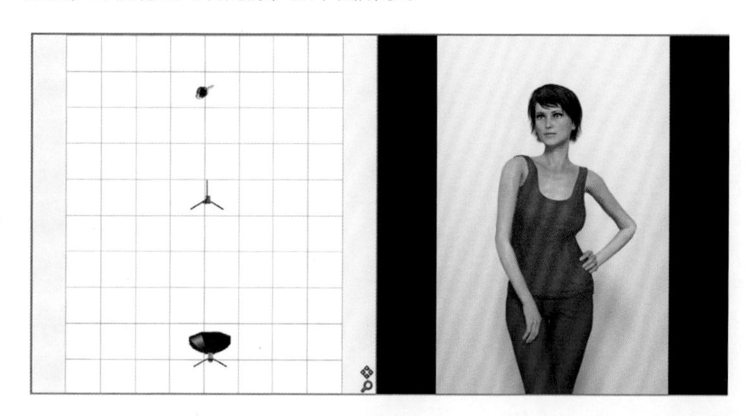

顺光的特点是画面比较平，没什么立体感，而且在晴天拍摄时，顺光经常遇到的问题是拍摄对象睁不开眼睛。

侧光，即光源在模特的侧面，如下图所示。

侧光往往拥有比较大的光比，明暗对比很明显，往往会出现“阴阳脸”的情况，即拍摄对象的脸一半是亮的，一半是黑的。但从另一方面看，侧光对立体感的营造要比顺光要好很多。在风光或建筑摄影中，侧光通常会有明显的明暗交界线，如下图所示。

逆光，即光源在模特背后，如下图所示。

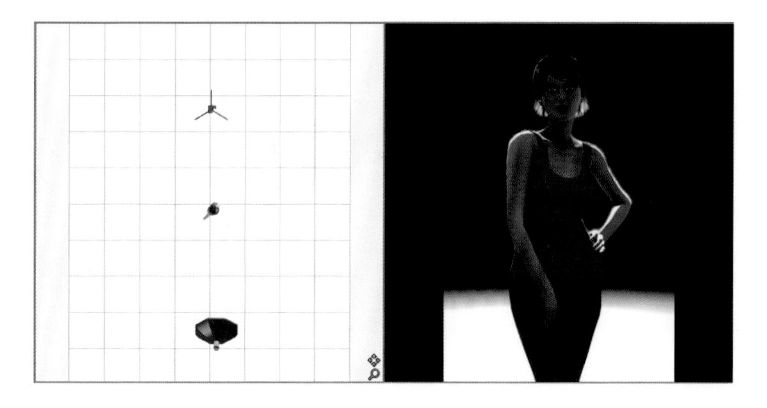

逆光在拍摄人像的时候，往往会起到勾勒轮廓的作用，比如上图模特的头发、肩膀及手臂的边缘，这就叫轮廓光，也叫镶边光，当然也可以称之为是“发光”，头发的“发”。逆光拍摄时，模特正面脸部往往会欠曝，所以，很多情况下，我们需要根据需要合理增加曝光补偿。

另外，对于透明物体，比如玻璃杯、有颜色的饮料等，逆光也是非常好的表现方式。比如下面这张照片，看上去超级炫酷对吧，其实所有的光都是从后向前透光拍的，可以很好地表现液体和玻璃的质感和颜色，如果是顺光拍摄，效果则会惨不忍睹。

除了以上三种典型光位之外，我们当然可以拓展出很多其他光位，比如下面介绍的侧逆光，以及正面的 45° 侧光。

侧逆光，即光源在模特的侧后方，如下页图所示。

侧逆光没有纯逆光那么极端，同时，侧逆光也会产生漂亮的轮廓光，而且对立体感的营造也有很好的效果。在户外拍摄人像时，侧逆光是一个很好的选择。在风光拍摄中，用侧逆光也可以获得很好的效果。

45° 侧光，即光源位于模特前侧方，如下图所示。

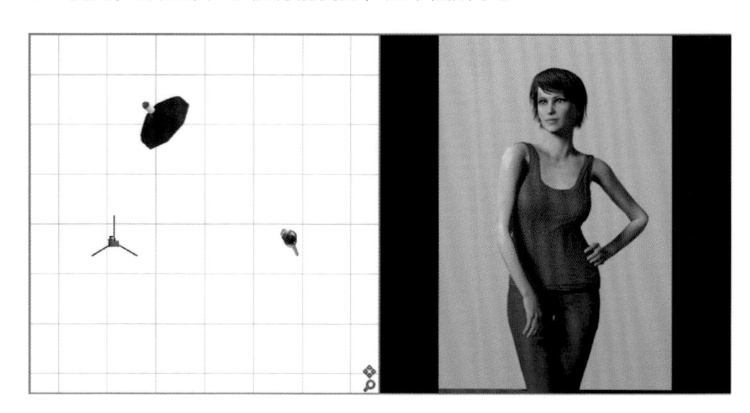

45° 侧光结合了顺光与侧光各自的优点，比顺光更有立体感，同时也能避免出现“阴阳脸”，是人像摄影的经典光位，尤其适合闪光灯人像摄影。

8. 眼神光是怎么来的

我发现很多同学总是把问题想得很复杂，经常有学员问我眼神光怎么拍，为什么拍出来的照片没有眼神光?

眼睛里有光，看上去就会有神采

首先，我们来介绍一下原理。我们知道，表面光滑的物体，会反射光线，而人的眼睛表面就是光滑的，可以想象成是两颗黑色玻璃珠子，因此眼睛就可以反光。而我们说的眼神光，指的就是眼睛表面的反射光。这很好理解。而有没有眼神光，取决于眼睛的前方有没有光源，如果眼前一片漆黑，自然就不会有光线照亮眼球，当然就不会有眼神光。而如果眼睛对着的是一扇明亮的窗户，那自然就能够在眼睛上产生一个明亮的反射光。而且，如果你用微距镜头去拍摄眼睛，放大看，你会发现，眼球啊就跟个鱼眼镜头效果一样，你甚至可以通过眼球看到摄影师端着相机的样子。

拍摄可爱的宝宝时尤其要注意眼神光

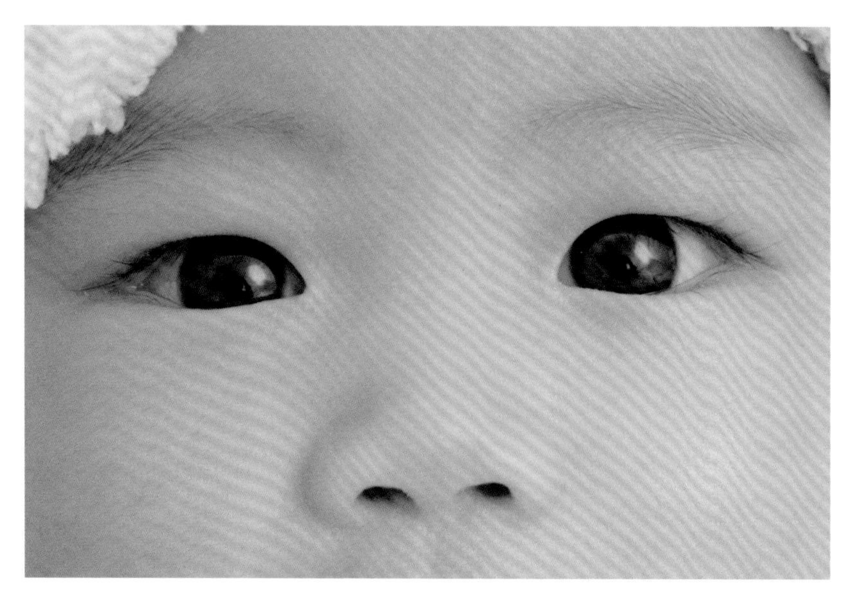

放大看，看到高老师帅气的身影了吗?

好了，知道了原理，我相信很多同学应该已经明白了为什么有的照片有眼神光，因为模特的前面有光源呀。比如，在杂志上看到各种大片，或者地铁站里面贴的超大明星海报，你去看他们的眼睛，甚至都能看出，哦，这张用了 2 个闪光灯，其中一个是四边形的柔光箱，另一个是个八角形的……哎，没兜住，这种向大片偷师布光技巧的不传之秘都教给大家了，听得懂就算赚到了，听不懂就当高老师在说段子。

在我们拍摄的时候，如何让模特眼睛里有光呢？很简单，比如，在逆光拍摄的时候，通常模特的眼睛是没有光的，显得很无神，怎么办呢？你可以找一面白墙，你贴在白墙上拍，让模特面对这白墙，由于白墙是比较亮的，模特的眼睛里面有亮光了。没有白墙怎么办？反光板也是可以的。在室内拍摄时，如果想要眼神光，你就站在窗前，让模特面对这窗户拍摄，这样，自然也会有非常漂亮的眼神光了。

通过高老师这么一说，眼神光这事儿应该再也不神秘了对吧，下次拍摄的时候，大家只要注意光源的位置，让模特面对光源再拍摄，就可以了，跟器材没什么关系，用手机都是可以的。

第 9 章　构图的技巧

1. 严肃的调侃：所谓构图技巧

对于摄影而言，构图很重要，的确是需要学习的，但如果你在网上去搜索构图技巧，大概百分之百会看到类似这样的解构，如下图所示。

从网络上搜索到的那些所谓的构图技巧

然后，你就会觉得，哇，原来构图有这么多门道啊，感觉好深奥，好难学啊。其实，这些大多都是在胡扯，就连上面的这三张图，都是高老师自己瞎编的，震惊了吗？！

你看，过度解读害人啊，构图也是一样，哪有这么玄学？甚至有些所谓的摄影专家，把一张抓拍的作品，都能画出条条框框，说人家构图多么厉害，其实你想啊，抓拍啊同学，你能拍到就是不错了，那一个瞬间，哪有时间让你考虑构图，这不是纯扯吗！

这张作品的构图是怎样的?

作为这张照片的摄影者，我真没想那么多。所以，这真的是纯扯，大家可千万别信以为真。那么，作为摄影初学者，什么构图技法才真的值得学习呢?

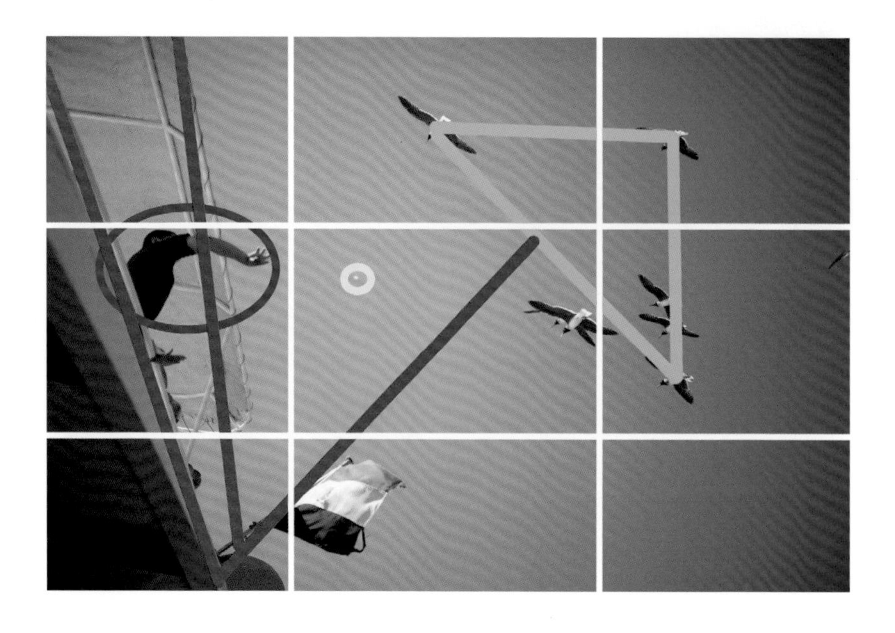

2. 最简单好用的构图法：三分法

最简单的，往往是最有用的，甚至就内置在每一台相机里面，这就是三分法。

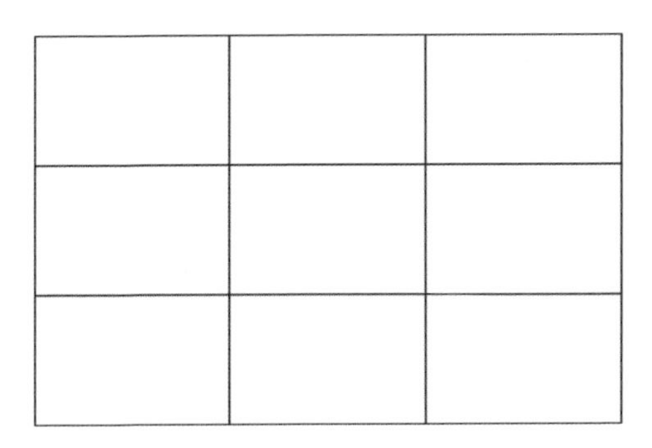

在用屏幕取景的状态下，可以调出构图的三分线，大概就是上图所示的这个样子，你可以把拍摄的主体，或者最重要的那个元素，放在某个交接点或者某条线上，这就可以了，就是这么简单。有同学说了，“高老师，你别忽悠我们，构图真就这么简单？三分法就够了？”对啊，不信请看下面的内容。

这张照片的确在拍摄前是刻意构图的，把最重要的元素，也就是这只鸟，放在了三分线的某个交接点上。

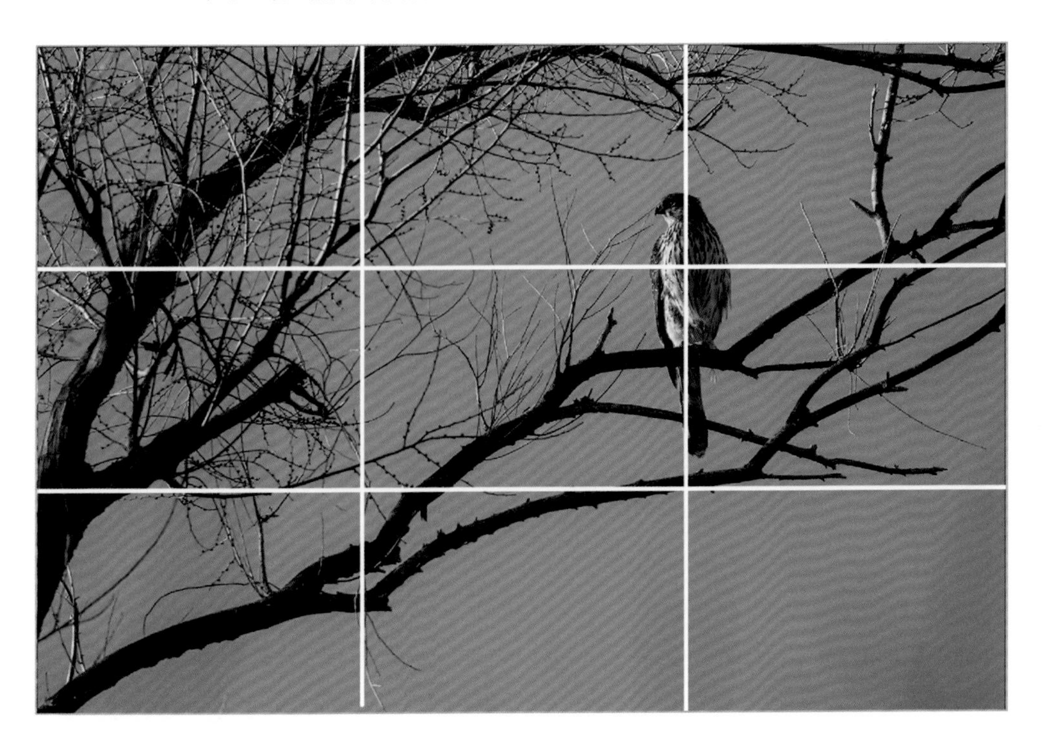

下面这张光绘照片也是，把主体放在了三分线上。

小猫的眼睛在三分线上，同时身体稍稍偏离中央一些，靠近某一条竖线，效果会好很多，如果放在画面正中间，就会显得很刻意。

下面这张照片中最重要的主体——瀑布，位于三分线上，同时，水面的占比也是画面的 1/3 左右，这通常也是风光摄影地平线的合理位置。

拍摄人像也一样，将模特的脸部置于三分线的交接点位置，其身体也在三分线上。

通过这么多例子，大家现在应该相信了吧？没错，三分法相当好用，而且贵在简单、易操作，极其适合摄影初学者。下次拍人像时，记得不要把人脸放在画面正中间，放在某个三分线交点上，效果会好很多，不妨试试看。

3. 看“大片”学构图

其实，高老师觉得构图是一件很主观的事情，说句不负责任的话，你喜欢就好，哪有那么多条条框框。当然，前提是，你的眼光，或者叫艺术鉴赏力足够高，构图其实就是个水到渠成的事，因为你已经知道怎么拍才会好看，是这个意思没错吧。但如果你拿不准怎么才好看，除了三分法之外，还有一些小技巧供参考。

（1）前景、中景、远景要合理搭配；

（2）要有一个视觉集中点；

（3）懂得取舍，画面简洁，不要贪多。

前景、中景、远景要合理搭配

很多摄影初学者的风光摄影作品，看上去总感觉很空旷，一半儿天空，一半儿地面，原因就在于没有注意前景、中景和远景的搭配，比如拍摄星空，技法其实不难，最大的难点在于寻找一个合适的主体当作前景，这样，星空照片才有看点，如果只有一个空旷的星空，那只能叫素材。（为什么“大片”要加引号呢，因为都是我自己拍的片子，你觉得大就大，你觉得烂，那就烂。）

特意驱车几十公里，来到一个废弃的射电望远镜阵，把这些充满科幻感的“大锅盖”当作前景，照片拍出来才好看

而如果没有前景，就单单只有一片星空，这真的只能叫素材

这张照片之前出现过，在沙漠中拍摄夕阳，漫天的火烧云真的很棒，但我个人其实并不满意这张照片，原因三个都占全了。

（1）作为前景的沙漠，有点儿空旷，导致画面稍显乏味；

（2）作为视觉集中点的那几个站在沙丘顶上的人，实在是有些太小了，你得仔细看才能发现他们，在画面中没起到作用；

（3）晚霞太美，起了贪念，抠出来的画面太广了，如果用焦距稍微长一些的镜头，选择其中的局部，效果应该更好，如下图所示。

相对而言，上面这张照片我更喜欢，因为正好被车灯照亮的沙漠充当了前景，两辆车是画面的视觉集中点，远景是漂亮的天空，显得比例更加协调，层次丰富。而如果拍摄的时候车灯是熄灭的，则得到的完全就是一张废片。

4. 蹲下，或许大不同

之前说过前景很重要，这里单独举个例子。下方这张照片算是颐和园拍摄的一个经典机位，前景是湖面，中景是佛香阁，远景是天空和远山，但由于拍摄时是冬天，湖面被冻上了，没有游船或者荷花充当前景，所以拍摄出来的画面下半部分就显得很空旷，画面比例有些失调。

当时我也对这张照片很不满意，怎么给改善一下呢？我低头观察，突然发现脚下的冰面上有很多细碎的小冰块，很不显眼，但突然就灵机一动，把相机凑到冰面很低的位置，利用这些小冰块充当前景，利用广角镜头近大远小的形变特性，拍摄出了下页的这张照片。从照片上看，冰块变得非常大，充当前景正好能够弥补大面积冰面带来的空旷感，画面也变得比较均衡。

所以有的时候，我们需要去寻找合适的前景作为搭配，你需要细心观察，最终的拍摄效果一定会有所改善。

5. 规则，是用来打破的

除了我们常用的三分构图法之外，还有一些构图法则通过合理应用也能得到不错的拍摄效果，比较常见的大概有两种，一种是对称式构图，另一种是具有引导线的构图。

利用地平线将画面分成两半，一半天空，一半地面，得到的效果也是不错的

利用水面倒影也是常见的对称式构图技巧

在遇到水面或者天际线特别平直的情况下，大家可以根据自己的喜好，使用对称式构图的方式来拍摄照片，由于平静的水面可以反射形成倒影，善加利用也能得到不错的效果。

对称式构图对形状规则建筑物也有很好的表现

对称式构图是建筑摄影的常见手法

另外，在拍摄建筑的时候，对称式构图也可以让画面更加抽象，显得很有意思。当然，不是说建筑就一定要对称着拍，还是那句话，你觉得怎么好看，就怎么拍，规则，是用来打破的。

引导线构图的案例

至于引导线构图，其实也很好理解，比如可以借助蜿蜒的公路或栅栏，来引导观者的视线。通常，引导线的隐没点可以放在三分线的交点上，或者指向视觉集中点，效果也非常不错。

6. 宽高比，横构图还是竖构图

目前我们使用的绝大多数单反相机和微单相机，传感器的尺寸比例是 3 : 2 的（更小型传感器则一般为 4 : 3，如手机或数码相机），所以，大家拍摄的照片比例一般是 3 : 2 的。我们在拍摄的时候，不外乎有两个选择，要么横构图，要么竖构图，即宽高比要么是 3 : 2，要么是 2 : 3，但我们也经常看到各种不同宽高比的照片，比较典型的有 16 : 9 宽幅的，还有就是 1 : 1 正方形的，会让人感觉有些与众不同，为什么这样设定呢?

1 : 1

通常，我们看的电影一般是 16 : 9 的画面，甚至更宽。在视觉上就会让人感觉更加宽广、有气势，所以，很多同学把照片裁切成 16 : 9 的，感觉会更有电影感。方形构图之前一般是中画幅或者大画幅相机拍出来的效果，所以很多同学就把照片裁切成正方形来模拟这种效果，觉得这样会更加文艺。

16 : 9

21:9

其实，以上提及的做法并没有对错，裁切之后如果构图和谐，那就没问题。但很多朋友在前期拍摄的时候没有考虑周到，后期裁切之后画面会比较拥挤，构图不太好。高老师推荐一个小技巧，比如你要拍宽高比为 16：9 的照片，那可以

提前用黑胶布把你相机的屏幕上下都遮挡上一部分，这样，在拍摄的时候，就可以直接以 16 : 9 的方式构图，得到的效果自然会更好。1 : 1 构图也是同样的方法，把屏幕左右多余的部分都贴上，总比你后期没地方裁切来得舒服。

竖构图适合拍摄以人为主体的人像照片

横构图适合拍摄带景的人像照片

关于横构图和竖构图的选择，高老师的意见是：在拍摄风光的时候，建议都用横构图，因为我们人类的两个眼睛是左右排列的，天生就是习惯左右更宽的画面；而在拍摄人像的时候呢，竖构图会用得更多一些，因为拍人的身体和脸都是竖条状的，会更好构图。当然了，如果是拍摄带景的人像照片，人像只是画面当中的一个元素这种照片，使用横构图也是完全没问题的。总之，摄影有很多规则，尤其是构图方面，有各种条条框框，其实，我们不需要被规则所束缚，你自己觉得好看，那就没问题。

第 10 章 风光摄影实战

1. 风光摄影最重要的是什么

在进入风光摄影这个专题之前，我想请大家思考一个问题：对于风光摄影而言，你觉得最重要的是什么？

很多同学会觉得最重要的是器材，我们需要高像素的、高宽容度的机身，我们需要昂贵的超广角和超长焦镜头，我们需要一堆滤镜——CPL、ND、GND 都得上，我们还需要各种后期修图的技巧，把“烂片”后期处理成大片。

其实，这些都是不对的，对于风光摄影而言，高老师觉得器材反而是最不重要的，这也是很多摄影玩家即使拥有顶级的器材，也拍不出来可以称之为作品的风光照片的原因。在我看来，风光摄影最重要的是运气，其次是天气、拍摄时机和拍摄地点。

咱们反着来说，首先是拍摄的地点，这非常重要，想要拍摄出风光大片，你需要去到有风景的地方，如果就在你楼下的野公园拍，估计你这辈子也就跟风光大片绝缘了。这很好理解，而这个错误恰恰是绝大多数风光摄影初学者所忽视的。很多同学花费数万元购买相机和镜头，但就是没想到要去个真正有风景的地方，比如九寨沟、西藏、坝上草原、黄金海岸等，这真的是本末倒置了。甚至，当你到了这些处处都是绝美风景的地方，手机都能拍出大片来。

其次是拍摄的时机，就风光摄影而言，我们之前也强调过，拍摄的黄金时机是日出和日落这两个时间段，你需要做的就是，起早贪黑，凌晨 3 点起床爬山等待日出，很正常，忍受饥饿等夕阳落山，这也很正常。所以，我特别佩服那些风光摄影大师，单单这个毅力和为了拍摄一张大片所付出的辛苦就令人敬佩。

在合适的拍摄时机，天气主宰着光影，而摄影是光影的艺术，当你披星戴月爬上山顶等待日出，刚支好三脚架，安装好滤镜，下雨了……你说咋整？收拾东西下山睡觉啊。

而天气这事儿，就是运气了。这不是讲段子，对于风光摄影而言，最重要的，就是运气。

举三个我自己的真实案例，菲律宾的长滩岛，海滩超赞，是风光和人像绝佳的拍摄场地，我第一次去，是跟妻子去度假，天气真的非常好，给妻子拍了很多漂亮的照片。而第二次去，是带着模特和拍摄任务去的，结果，遇到了台风，整整 5 天都在下雨，你说，这事儿找谁说理去，只能怪自己运气不好。

还有一次是去带着视频拍摄团队去韩国济州岛拍摄几期风光摄影教学视频，运气也不好，5 天当中 4 天都在下雨，搞得我们很尴尬，这可怎么办，这事儿可没办法下周再来啊。于是，硬生生地把其中几期户外风光拍摄技巧改成室内博物馆拍摄技巧。最后一个傍晚，感觉天气要放晴，当机立断包了辆车去海边拍日落，等我们到达海边，等了半天，云层就是不散开，没办法只能打道回府。

第三个例子是今年北京最棒的火烧云，燃遍了整个朋友圈，而当时我却正在“小黑屋”里讲课。

总之，如果有条件，今天没遇到合适的光影，明天再去，你多去，总会遇到并拍出更好的照片。如果没这个条件，没有遇到合适的光影，那不如不拍。

2. 风光摄影装备推荐

作为一名严谨的风光摄影玩家，正确的“大片创作”姿势应该是这样的。

（1）相机永远是在三脚架上的，因为务必要追求稳定的支撑。

（2）快门线是必需的，目的是为了尽可能地减少震动，当然，也可以用 2 秒或者 10 秒延迟自拍模式来达到同样的目的。

（3）感光度永远只用 ISO 100，或原生最低感光度，目的是得到最好的画质和宽容度。

（4）光圈一般是 F8、F11 这样的小光圈，目的是得到最佳的画质和更大的景深，因为对于绝大多数镜头而言，光圈缩小之后，画质会提升，但也不能太小，比如 F16，画质会因为光学衍射而降低。

（5）滤镜也是必需的，常用的滤镜有 CPL 偏振镜、ND 减光镜和 GND 渐变滤镜。合理使用滤镜，可以让光比更加协调，或者获得各种独特的慢门效果。

（6）一定要拍 RAW 格式，保证尽可能大的后期修图空间。

综上所述，你可能需要的装备如下。

（1）一个质量可靠，能装，并且拥有不俗防护性能的摄影包。

（2）一支兼顾便携性和稳定性的三脚架，云台最好选择带刻度、支持旋转的那种，方便我们接片使用。

（3）一根快门线，便宜的就好，没必要买那种几百上千块且支持各种定时功能的，能触发并锁定快门就可以了。

（4）根据需要，购买 CPL、ND 和 GND 滤镜，这个坑比较深，比较费钱，尤其是方形滤镜系统，配齐一套不比一个入门级全画幅机身便宜。

至于相机和镜头，这里也可以单独说一下，先说相机，对于风光摄影而言，我们更关注低感光度的画质表现，高像素和高宽容度是我们优先考虑的，所以，高像素的全画幅相机是优先推荐的。至于宽容度，指的是相机传感器能够记录的，从最暗到最亮的范围，对于风光摄影中经常出现的大光比场景而言，宽容度当然是越高越好，因为这样的相机拍摄的照片不容易死黑或者死白，后期调图的空间也会更大。至于高感画质，除非你拍星空，否则不用考虑太多，安安心心支在三脚架上，用 ISO 100 拍就好了。

当然了，如果你是个星空摄影爱好者，那上面说的这些可能就不太实用，你需要优先考虑高感画质更好的相机，因为你可能经常会用到 ISO 3200、6400 甚至 12800，而这类相机往往像素会比较低，低就低吧，你先想好你的需求，有针对性地选择就好了。

至于镜头，很多同学拍脑门儿就说，风光摄影得用超广角，这其实只对了一半，对于风光摄影而言，高老师的经验是“占两头”，意思是焦段中，广角得有，长焦也是必需的，甚至可以这么说，长焦反而更容易出片。我们设想一个场景，当你到了一个风景绝美的地方，你用广角大概也就只能前后左右拍四张；但如果你用长焦镜头调取远处，你可以拍很多张。

就我个人的经验而言，广角甚至超广角镜头其实是比较难以驾驭的，越是空旷的地方，越没办法用，因为这类场景中，你很难找到合适的前景、中景、远景来搭配，画面往往就会显得很空。而 70-200mm 或者 100-400mm 这样的长焦镜头，则可以让你有更多的选择，而且，越是空旷的地方，就越需要焦距越长的镜头。

3. 要有一双善于发现的眼睛

当你习惯了周遭的一切，你会觉得任何场景都显得平凡，拿起相机，盯着取景器看一圈，然后发现，没得可拍。其实，生活就是这样，绝大多数时间，绝大多数场景，是平淡或者平凡的。但如果你想要在摄影方面有所进步，一定要学会一项技能，就是在这平凡的世界中，寻觅不平凡的画面。

上页图中所示的这个场景你应该也遇到过，一个并不漂亮的草坪，上面立着杂乱的树，还有一个充满违和感的绿色井盖。我多看一眼，是因为平凡的草地上，默默开着点点黄花，拍还是不拍呢？拍，就是这样了，真的有些太平凡了，都不好意思发朋友圈。

但如果你仔细观察，或者换一个角度去思考问题，你会发现，在如此平凡的场景中，也有一个不平凡的画面。我蹲下，低头观察，之前散乱在草坪中的黄色小花，在某个狭小的视角里，也很美。于是，我把广角镜头换成长焦镜头，贴近地面截取局部进行拍摄，就有了右侧这张照片。同样的草坪，同样的黄花，效果完全不同，孰好孰坏，一看便知。这就是我想要说的，在平凡中寻觅不平凡。

那么应该如何锻炼自己的眼力呢？我的经验是多观察、多思考这个场景，什么是特别的，什么角度最好，什么光影最好，用什么器材和设置才能表达到位，这些问题应该在按快门之前想清楚，当我们形成拍前思考的习惯，你的眼力就会慢慢提升，而眼力的提升，会让你的照片越来越好。

发现不平凡的美

4. 广角和长焦的不同表现形式

之前说过，使用广角镜头拍摄大场景的时候，需要格外注意前景、中景、远景的搭配，但很多风光大场景，往往会缺少其中的某个元素，如果你一定要用广角拍，结果可能就是下面这个样子，显得很空旷，没什么意思。

这是摄影玩家经常会遇到的一个场景，大家一定都听过，“拍风光，你需要用广角镜头。”现在大家知道了这句话是有多么不负责任了吧。在空旷的地方拍摄，用长焦镜头调取远处的局部反而更容易出片，如下页图所示，机位不变，把镜头拧到长焦端，效果就好很多。

一张典型的“空旷”照片

用长焦镜头可以从空旷中抽取某个饱满的局部

近大远小是广角镜头的特性

——广角镜头“近大远小”的特性

另外，广角和长焦的透视效果也是完全不同的。下面这张照片就是用广角端拍的，一排本来一样大的房子，透过广角镜头，近处的房子就显得大，离镜头越远房子就越小。“近大远小”是广角镜头的典型透视效果。

下面这张照片就利用了超广角镜头“近大远小”的透视效果，作为前景的这根枯树，长度其实大概只有 10 厘米，但由于离镜头很近，所以就显得比真实中的要大很多。

靠近镜头的小树枝会显得比实物大很多，透视效果明显

长焦镜头拍摄的透视效果，画面前后景被压缩

——长焦镜头使画面更“平”

长焦镜头的透视效果则有所不同，在画面中，远处和近处物体大小的差别并没有广角镜头拍出来的那么明显，画面会显得比较“平”。比如左图是用长焦镜头拍摄的很远处的一个小局部，在这个小局部中，距离不同的树，大小都差不多。

下页这张照片如果用广角镜头拍，远处的山和天空的云所占的面积就会变得很小，云团就没有这种奔腾翻涌的气势了，看上去比例会失调。

长焦镜头的透视效果，呈现出云团奔腾翻涌的气势

——如何避免建筑物变形

还有一点需要大家注意，在拍摄建筑物的时候，如果用广角镜头拍，经常会出现建筑物底端大、上面小的透视变形，如果你想要拍摄出比例更加协调、横平竖直的建筑物，则需要使用长焦镜头在距离稍远的地方进行拍摄，效果就会好很多。

广角镜头近距离拍摄的建筑物会发生透视变形

长焦镜头远距离拍摄的建筑物效果好很多

5. 寻找有趣的光影

寻找有趣的光影，往往可以让我们在平凡的世界中，也能拍摄出漂亮的照片。长焦镜头往往更适合做这个事儿，因为我们可以通过镜头剔除掉你觉得不好看的东西。至于什么光影是有趣的，主要靠自己去观察，但不外乎有明暗对比、颜色对比等几种常见的类型，当然，有趣的形状也是我们关注的重点。

明暗对比可以让色彩单一的画面更有层次

色彩对比可以起到突出主体的作用

夕阳的斜射光，从侧面照亮建筑物，形成强烈的明暗对比关系，使建筑物看上去就非常有立体感

远山被金色的夕阳照亮，与蓝天和阴影中的峡谷形成了鲜明的色彩对比

6. 黑白风光的摄影技巧

黑白风光照片，由于摒弃掉了色彩，所以对画面的线条和形状就有更高的要求。比如我们经常看到的黑白建筑或者黑白的慢门作品，都是极端抽象的，画面非常简洁，通过一些有意思的线条和形状来吸引大家的注意。在前期拍摄的时候，我们就需要去寻找合适的场景，这里教给大家一个简单的技巧：把相机直接调整成黑白模式，通过屏幕取景进行拍摄，或者拍完回放查看，培养自己用黑白的眼光去观察这个世界。

寻找重复性元素

画面应当尽量简洁

规则的建筑物比较适合黑白效果

被抽离的形状也是黑白摄影的常见形式

7. 拍摄时机与角度

——让天空更蓝的技巧

为什么别人的风光照片，天空那么蓝，而我拍的照片，天空却是灰的？是不是人家后期调的？有可能，但也有可能仅仅是因为你的拍摄角度有问题。怎么讲，在晴天的户外，你用心观察就会发现，太阳所在的那片天空是最亮的，蓝色会显得很淡，而如果你转过头看太阳的对面那片天空，你会发现，哇，天空好蓝！没错，只需要换一个拍摄角度，天空就能更蓝，就这么简单。

太阳所在的那片天空不怎么蓝

太阳对面的天空很蓝

——寻找合适的拍摄时机

另外，我们在拍摄夜景的时候，往往会遇到天空与地面光比过大的问题，这时你只能做选择题，要么地面曝光正常，天空必定会过曝成一片死白；要么天空曝光正常，地面一定是死黑一片。怎么办？其实办法很多，你可以通过包围曝光（拍摄曝光补偿分别为 +3EV、0EV、-3EV 的三张照片）然后后期 HDR 合成的方

拍摄时机太早，天空与地面光比太大，你只能选择其一

式得到一张天空和地面曝光和谐的照片，有同学听到这儿就头大，要是不会后期该怎么办呢？那就等，等天慢慢暗下来，地面的照明都亮起来之后，总会有一个短暂的时间段，天空和地面光比刚好和谐，这时你就抓紧时间拍，效果会好很多。当然，如果你出门比较晚，天空已经全部黑掉了，那效果也不好，因为你想啊，天空黑漆漆一片，画面就显得很空旷。

等天空暗下去，在某个时间节点光比刚好和谐时，抓紧拍

——慢门的独特效果

遇到水，用慢门往往可以得到与众不同的效果，在几十秒的慢速快门下，流动的水就会被拉出丝线，看上去就像丝绸或者浓雾一样，显得非常宁静。但如果是在光线比较亮的白天，我们可能就需要用到 ND 滤镜，高老师推荐大家直接买 ND1000，可以把快门速度放慢 10 挡，效果很好，如果你买 ND8（减 3 挡），效果就不太明显，因为快门速度还不够慢。

用最小光圈，快门速度依然不够慢

用 ND1000，快门速度就能满足需求

慢门也常用于海景的拍摄

第 11 章　人像摄影实战

1. 晴天拍摄常见错误

——“到此一游”照的常见错误

在晴天拍摄户外人像时，我们最常遇到的问题大概有两个。一个是在顺光拍摄时，拍摄对象的眼睛睁不开，而且脸上受光不均匀，额头和鼻子很亮，侧脸很黑，这就出现了所谓的“阴阳脸”，比如下面这张旅游照，基本上所有的错误都犯了——“阴阳脸”、眯眼、构图。

相机：尼康 D610，**镜头：适马** 35mm F1.4 Art
光圈：F1.4，**快门速度：**1/4000s，**感光度：**ISO 100

尽管我们可以通过后期调整影调的方式提亮阴影，改善人物脸部的明暗变化，让“阴阳脸”显得不那么严重，但这种光影的明暗关系你是没办法改变的，这是晴天顺光烈日下拍摄的光影特点，后期只能稍稍补偿，无法做出实质性的改变。另外，这张照片构图也有问题，人脸在画面正中间，这也是大家拍摄人像经常犯的错误（半按快门不松手，二次构图再拍摄，大家还记得这个知识点吗？）我们也可以通过后期裁切的方式进行二次构图，让人物主体稍微偏离画面正中央，这样会显得更加协调。但眯眼这事儿，还是没办法解决。

后期只能改善，无法让烂片变靓片

——晴天改善效果的方法

正确的解决方案是什么呢？请记住，如果一定要在烈日下拍摄人像的话，让模特转个身，背对着太阳，效果就会好很多。这样模特的脸部就整体处在阴影里面，光影就会显得比较柔和，眼睛也睁得开了，而且太阳在背后，模特的头发和肩膀等地方会被照亮，形成漂亮的轮廓光，如下图所示。

相机：佳能 5DS R，镜头：佳能 EF 35mm F1.4L II USM
光圈：F1.4，快门速度：1/3200s，感光度：ISO 100

——逆光欠曝如何改善

另一个常见的问题是什么呢？那就是在户外逆光（意思就是光源在拍摄对象身后）拍摄时，人物主体经常会欠曝。这是因为，在逆光的情况下，背景往往是很亮的，在相机的测光系统严重压暗画面时，结果人物主体就变黑了。

相机：尼康 D610，**镜头：**适马 35mm F1.4 Art
光圈：F1.4，**快门速度：**1/1000s，**感光度：**ISO 100

怎么解决这个问题呢？同学们还记得曝光补偿吗，下次一旦你发现拍的照片人脸偏暗，不要犹豫，提升一挡甚至更多的曝光补偿，人脸就亮起来了。请记住，如果人物主体与背景两者的亮度差别非常大，曝光以人脸为准，背景过曝就过曝吧，不重要，毕竟，我们拍的是人像啊。当然，你还以选择用反光板或者闪光灯给人物主体补光，这样，不仅人物亮起来了，而且背景也不会过曝了。

曝光补偿 +1 EV

2. 躲在影子里拍摄效果更好

在晴天的户外拍摄时，我们可以选择躲在影子里面进行拍摄，效果会立刻变得好很多。因为阴影里的光是非常柔和的，人物不会眯眼，而且也可以告别“阴阳脸”，阴影之外的地面也会反射光线进来（可以理解为是反光板的效果），光量也是比较充足，拍出来的效果就很好。如下图所示，仅一线之隔，看，阴影里既凉快光线又柔和，这俩人笑得很开心。

相机：尼康 D610，**镜头：**适马 35mm F1.4 Art
光圈：F1.4，**快门速度：**1/1250s，**感光度：**ISO 100

拍摄下页这张照片的时候阳光也非常强烈，我选择在一个商店外面的凉棚里面进行拍摄，可以看出，小女孩脸部的光影非常柔和，凉棚四周的光线通过漫反射的形式照射进来，形成很漂亮的柔光，至于作为背景的外面，亮度要比人物主体亮很多，严重过曝，但是没关系，过曝就过曝吧，我只要保证小女孩的脸部曝光正常就好了，通常你得提高曝光补偿来达到这个目的。

另外，在阴影里面拍摄时，眼神光也会很漂亮。比如下下页这张我女儿的照片，也是在阴影里面拍摄的，可以看出她的眼睛非常明亮，有漂亮的眼神光。这是因为眼睛会反射阴影之外的明亮区域，所以拍出来会很漂亮。当然，如果模特正面对着的也是大片的阴影区域，眼神光也没戏，大家要明白这个原理。

相机：佳能 5DS R，镜头：佳能 100-400L II
光圈：F5，快门速度：1/250s，感光度：ISO 400

相机：佳能 5DS R，镜头：佳能 100-400L II
光圈：F1.2，快门速度：1/320s，感光度：ISO 100

下面这张照片是在海滩上拍摄的。如果直接在烈日下拍摄，模特涂了厚厚防晒霜的脸部会油得一塌糊涂。不过咱们别这么死心眼好不好，找个树荫下拍啊，如下图所示，你看，光线是不是很柔和，完全不需要反光板或者闪光灯，只用自然光就可以了。同时利用大光圈把背景虚化掉，典型的“糖水片”就是这样了。

相机：佳能 6D，镜头：佳能 85mm F1.2L
光圈：F1.2，快门速度：1/1000s，感光度：ISO 50

这张也是，在亭子里面拍摄，又凉快，光线又柔和，何乐而不为呢?

除了光影之外，我们还需要注意构图，拍人像时不要将人脸不要放在正中央，放在三分线的某个焦点上得到的画面效果会更好。这么简单的构图技巧，你不可能学不会，对吧。

相机：佳能 6D，镜头：佳能 85mm F1.2L
光圈：F1.2，快门速度：1/2500s，感光度：ISO 100

3. 弱光、室内人像拍摄技巧

——大光圈镜头的必要性

对拍摄人像而言，大光圈镜头是非常重要的，尤其是大光圈的定焦镜头，因为变焦镜头的最大光圈大概也就是 F2.8 了，但定焦镜头可以很容易做到更大的光圈，比如 F1.8、F1.4，甚至 F1.2。大光圈对拍摄人像的好处是显而易见的，首先，大光圈可以提供出色的背景虚化效果，让人物主体更加突出；其次，光圈大，进光量就大，在光线不太充足的环境下，比如夜晚或者室内，也能拍摄出清晰明亮的照片，不用担心快门速度过慢而导致的手抖拍虚等问题。对于预算不是很充足的同学而言，买支两三千块的 85mm F1.8 镜头就已经能实现“鸟枪换炮”的华丽转身了。

——弱光环境人像

相机：佳能 6D，镜头：佳能 85mm F1.2
光圈：F1.2，快门速度：1/50s，感光度：ISO 1600

除了器材之外，任何主题的摄影都需要注意光影。比如上页的这张夜景人像照片，就有很多门道：我选择太阳刚刚落山，天空还有一些深蓝色的时候进行拍摄，这时天空不会显得很空，而且路边的路灯已经亮起来了，地面也不会一片死黑；虽然光线相对较暗，但是用大光圈镜头配合相对较高的感光度，在半蹲且手肘有相对稳定支撑的情况下，仍然可以手持拍摄出清晰明亮的照片；然后我让模特（我老婆）侧身站，因为这样会显瘦（这是人像拍摄一个非常重要的技巧，尤其是拍美女的时候，你懂的）；并且靠近一盏路灯，于是，模特正面就被黄色的灯光照亮了；当这些光影我都考虑清楚之后，蹲下从低位拍摄，这样会显得模特更加高挑；至于构图，人物主体不要放在画面中央，靠近其中一条三分线就可以了。看一下参数，F1.2 的大光圈还需要 ISO 1600，快门速度只能到 1/50s，光线那是相当暗的，试想如果你镜头的最大光圈是 F4，拍摄这种场景可能真的没戏。

——夕阳下的人像

相机：佳能 5DS R，镜头：佳能 EF 35mm F1.4L II USM
光圈：F1.4，快门速度：1/50s，感光度：ISO 800

在夕阳西下的或者日出的时候，由于太阳的位置非常低，天空有一大片比较亮的区域，所以，尽管此时光线不够充足，但却非常柔和，很适合拍摄人像。比如上面这张照片，就是一家三口在看夕阳，我帮他们拍摄一张典型的家庭人像照片，夕阳的区域在我的身后，他们正对着夕阳，可以看出，光影效果也是非常柔和的，暖色的夕阳为照片增添了很好的氛围感。由于光线并不充足，所以不要犹豫，直接用最大光圈并调高感光度，对于这种照片，画质不重要，清晰不虚才是王道。另外，通常超大光圈的定焦镜头，在最大光圈下，都拥有比较明显的暗角，这从光学素质层面来讲是不好的，但拍人像时，反而可以起到压暗四周，突出中央主体的作用。

——室内光线也有柔硬之分

相机：佳能 5DS R，**镜头：佳能** EF 35mm F1.4L II USM
光圈：F1.4，**快门速度：**1/400s，**感光度：**ISO 200

室内的光线往往没有户外那么充足，大光圈也可以很大程度地提升进光量，提高快门速度让我们能够拍摄出清晰的照片，或者降低感光度让画质可以变得更好。白天室内的光源主要是从窗户投射进来的漫反射光线，通常是非常柔和的，你只需要安排模特面对或者侧身对着窗户，效果就会很好。当然，如果阳光直射进入窗户，那就另当别论了，光线的质感其实跟户外没区别，同样很硬。

——梦幻背景光斑

相机：佳能 5DS R，镜头：佳能 EF 35mm F1.4L II USM
光圈：F1.4，快门速度：1/200s，感光度：ISO 800

除了窗户透进来的柔和漫反射光线之外，在室内往往还有很多灯泡等光源，比如在餐厅中，如果背景有很多漂亮的圣诞彩灯，我们也可以利用大光圈把这些点状的彩灯虚化成漂亮的光斑，这样你就得到了一个非常梦幻的背景，如上图所示。至于构图，我选择突出其中一个人物主体，靠近并且对焦于右侧这位主体对象身上。对焦当然要对准眼睛了，大家记住，拍人像对焦都是对准眼睛的，如果一张人像照片中的眼睛是虚的，那不管别的方面再怎么完美，也是废片。有的同学看到拍摄参数可能要问：“老师，为什么快门速度这么快？你慢一些，感光度就可以降下来，画质就会便更好呀。”因为这两位拍摄对象是在演奏，处于运动状态，如果快门速度低了，虽然也能保证手持不抖，但是没办法凝固运动瞬间，拍摄对象也是会虚掉的。

——暗光环境人像

相机：佳能 5DS R，镜头：佳能 EF 35mm F1.4L II USM
光圈：F1.4，快门速度：1/50s，感光度：ISO 1600

在光线非常昏暗的酒吧或者餐厅里，对相机的高感画质和镜头的光圈大小都有更高的要求。换句通俗的话讲就是，如果你一定要在如此暗的环境下手持拍摄会比较费钱，因为你需要高感好的全画幅相机以及大光圈定焦镜头。当然，如果镜头有防抖功能也不错，但就不能拍摄运动中的人像了，比如弹吉他的手可能就是虚的。上图是一张典型的环境人像，与人像特写照片不同，环境人像除了交代人物主体之外，还需要交代清楚环境，比如人物主体后面复古的墙面、装饰、音响等，让人一看就知道，哦，这是在一个小酒吧里。

4. 如何把人拍得更高挑

其实之前我已经透露过了，如何把人拍得更高挑，显得腿更长呢？很简单，就是运用低位拍摄，比如模特站着，你蹲着或者趴着拍，大概就是这个意思。来看下面这两张抓拍的照片，上面这张是我站着拍的，画面中穿着泳衣的女人显得就比较娇小；第二张呢，是我下楼的时候拍的，机位几乎与地面齐平，从下往上拍，你看，画面中穿着泳衣的女人看着至少有两米高，腿长一米五，这当然也不对，尺度要把控好，记住过犹不及，但高老师想要表达的意思，大家应该已经领悟了吧？

机位较高，拍摄对象显得比较娇小

在低处从下往上拍，拍摄对象就会显得更高挑

除了低位从下往上拍之外，我们还可以合理地利用广角镜头四周拉伸变形而中央区域保持不变形的特点，把模特儿的腿往四角或者画面边缘伸过去，并同时保证模特儿的脸部在画面的中央区域，这样，脸就不会变形，而腿就会显得特别长。通常广角镜头的边缘拉伸变形比较大，要注意尺度，如果拍出来拍摄对象的腿看起来有 3 米长，也很假对吧。标准和长焦镜头其实四周也会有拉伸效果，适当使用可以让模特看上去既自然，又高挑。

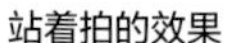

站着拍的效果

蹲着拍的效果，摄影对象瞬间变高挑

有的同学可能会问："老师，腿是拉长了，但人脸在画面中央，这个构图不好看啊。"但如果摄影对象的脸在画面边缘，也会被拉伸变形，这样的话你喜欢吗？不喜欢对吧，那就听高老师的，如果不希望脸部变形，就将其放在画面中央区域，然后进行二次构图嘛。

5. 拍人像如何显瘦

大家发现没有，不管什么人，不管胖瘦，正面正对着镜头的时候拍摄对象的脸部永远是面积最大的，也是最显胖的，除非这人已经胖成了桶形。所以，第一条经验就是，让拍摄对象侧身站，用侧面对着镜头，画面中的脸部面积就小了，拍摄对象就会显得瘦。很简单吧？

侧人对着镜头，就会显得瘦

另外一个技巧就是让拍摄对象在拍摄之前深吸一口气，吸气这个动作别看简单，但可以起到收腹的目的，而且在收腹的同时，会起到使拍摄对象挺胸抬头的作用。你看，一个简单的吸气动作，就能起到收腹和挺胸两个目的，拍摄出的人物曲线自然就更好了。

深吸一口气，能起到收腹和挺胸两个目的

这两个都是模特姿态控制方面的技巧，相对来说比较好操作。当然，如果以上这些都做到了，还觉得拍摄对象显胖，那就只能通过后期 Photoshop 的液化工具来瘦身了，关于后期的知识，高老师会单独出书跟大家分享。

6. 拍摄儿童的技巧

写到这里的时候，我家闺女刚满 9 个月，给她拍照成了我日常生活很重要的一部分，我也有一些心得想分享给大家。在我看来，拍娃的难度，不亚于抓拍篮球比赛。小孩子总是动来动去，不听指挥，因此对相机的对焦性能有较高的要求，而且，一张好照片的背后可能是以几十张废片作为支撑，别老想着拍一张就能成一张，这不现实。

拍了几十张照片才能得到一张不错的，这很正常，而且别把拍的照片全部发到朋友圈，只挑选最好的一两张分享，这会显得你摄影水平更高。

相机：尼康 D610，镜头：适马 35mm F1.4 Art
光圈：F1.4，快门速度：1/80s，感光度：ISO 1250

相机：尼康 D610，镜头：适马 35mm F1.4 Art
光圈：F1.4，快门速度：1/40s，感光度：ISO 800

上方的照片虽然因对焦问题拍虚了，但我依然非常喜欢，因为有的瞬间错过了就真的没有第二次了，虽然从技术角度来看它们是废片，但却依然值得珍藏。那么什么时候拍宝宝难度最低呢？等她睡着的时候拍。比如下页这张，相机可以有稳定的支撑，对焦和构图都可以慢慢调整，你只需要保证宝宝不会被快门声吵醒就好了。

相机：尼康 D610，镜头：适马 35mm F1.4 Art
光圈：F1.4，快门速度：1/5s，感光度：ISO 1250

除此之外，拍摄角度也有技巧，与宝宝视角平行，拍出来的效果会更好；往往我们还需要蹲着或者趴着进行拍摄，这要比宝宝仰着头往上看的效果好很多。

相机：尼康 D610，镜头：适马 35mm F1.4 Art
光圈：F1.4，快门速度：1/80s，感光度：ISO 200

比如上页这张仰头拍的照片，由于宝宝的头离相机比较近，所以会显得头比身体更大，比例稍稍有些失调。而选择与宝宝眼睛平视的高度进行拍摄，其头部和身体的比例就会协调很多，而且宝宝也不费劲，显得更加自然。

相机：尼康 D610，**镜头：适马** 35mm F1.4 Art
光圈：F1.4，**快门速度：**1/50s，**感光度：**ISO 800

另外，在家里拍摄宝宝，光线往往不是特别充足，因此，我个人的经验是将感光度直接往高了调，在夜晚拍摄时直接从 ISO 1600 起，ISO 6400 都不需要纠结，画质什么的都是浮云，拍清楚才是最重要的。

相机：尼康 D610，镜头：适马 35mm F1.4 Art
光圈：F1.4，快门速度：1/100s，感光度：ISO 6400

相机：尼康 D610，镜头：适马 35mm F1.4 Art
光圈：F1.4，快门速度：1/60s，感光度：ISO 1250

第 12 章　创意摄影实战

1. 光绘其实很简单

之前高老师展示过很多光绘的照片，其实，光绘摄影并没有什么高科技的成分，想明白原理之后，你爱怎么绘，就怎么绘。而原理也很简单，就是在慢速曝光下，明亮的光源像画笔一样移动，在照片中留下痕迹，这就是光绘了——你只需要把光源想象成是画笔就好了。

最简单的光绘就在家里，晚上拉上窗帘关掉灯，把相机支在三脚架上，设置 10 秒曝光、感光度 ISO 100，至于光圈多大，你得经过多次测试调整。比如你先用 F4，然后 10 秒自拍触发相机，同时打开你的手机后面的手电筒，在相机前面随意挥舞就好了。当然，在光绘之前，你可能还需要开灯先对好焦，并将镜头切换为 MF 模式以锁定对焦。光绘完成之后，你回放查看这张照片，如果绘制的线条亮了或者暗了，只需调光圈或者感光度就可以了。

高老师最得意的光绘作品

还有一些比挥舞手电筒更加炫酷的光绘照片，比如你可以使用演唱会的 LED 光棒，或者上网搜索“钢丝棉光绘套装”，就可以拍摄出如上图所示这样炫酷的光绘作品，拍摄时一定要注意安全，注意防火。

2. 光绘也能干正事

当我们知道了光绘的原理之后，我们还可以用光绘的手法干点儿正事。我们想象一下，在一个月黑风高的晚上，你在自己家里，关掉所有灯，拉上窗帘，在一片纯黑的环境中，使用 30 秒快门速度拍摄会怎样？你会得到一张依然纯黑的照片，因为这 30 秒内没有光线参与曝光，自然就是纯黑的。如果我们把相机支在三脚架上，前面放一个静物，先对好焦，然后把镜头调整为 MF 模式锁定对焦，并且把相机设置为 M 挡，感光度为 ISO 100，光圈为 F2.8 或者稍大一些都行，快门速度设置为 30 秒。关掉灯，拍一张，会怎样？照片还是纯黑的，因为依然没有光嘛。但如果是白天拉上窗帘也不是纯黑环境怎么办？你需要先屏蔽环境光，具体操作如下。

ISO 100、F2.8、30s，有影子，说明环境光未彻底屏蔽

ISO 100、F5.6、30s，依然有影子，说明环境光依然未彻底屏蔽

ISO 100、F8、30s，得到一张纯黑的照片，说明环境光成功屏蔽

上方的虚影是晃动的手机屏幕，高老师故意离很近让大家看到

这时候呢，你再按下快门重新拍一张，然后掏出手机把屏幕亮度调到最亮，用屏幕发出的光线，一边晃动一边照向静物，30 秒之后会怎么样？大家能想到吗？静物就亮了对吧，而所有的光，都来自于手机的屏幕。好，这就是用光绘拍摄高格调静物的基本原理了。

当然了，想要拍摄出高格调的照片，也有一定的技巧，比如你可以提前在手机里面存储一张纯白色的照片。这样，手机发出的光就是纯白色的。另外，手机晃动的范围越大，光线就越柔和，通过这种方式，你就可以模拟各种大小的光源，想要光线柔和一些，晃动的范围就大一些；想要硬一些的光，那就别晃动手机。你还可以通过改变手机的位置，来模拟多个光源的效果，比如左边晃 10 秒，右边晃 20 秒，你看，是不是就相当于两个灯了。亮度还可以通过时间来调整，两边一样亮，那就都晃 15 秒，左边比右边亮，那左边就多晃一会儿。大家不妨试试看，效果非常好。

最终的效果，我要是不说，你能相信这张照片是用手机屏幕照亮拍摄的吗

当然了，手机屏幕别冲着相机，晃动时也不要进入取景范围，不然就穿帮了。至于曝光，如果暗了就调感光度，过曝了就把手机屏幕调暗一些，办法有的是，强烈推荐大家试试看。

3. 拍摄桃心焦外

这个技巧在圣诞节期间哄女生开心特别好用。因为圣诞节到处张挂着小彩灯，这种点状的光源通过大光圈镜头的背景虚化之后，就变成了一团团柔和的圆形光斑，试想一下，普通的圆形光斑如果变成桃心形的，效果会怎样？女生没理由会不喜欢吧。那么应该如何实现呢？很简单，首先，你需要一个大光圈镜头，比如 50mm F1.8 就可以。

用一个小纸片替代光圈的形状，虚化光斑的形状就会随之改变

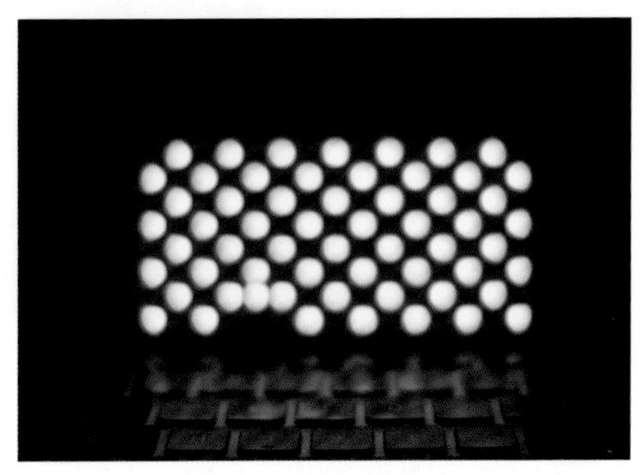

点状光源虚化后的形状是由光圈的形状决定的，在最大光圈下，光斑就是圆形的

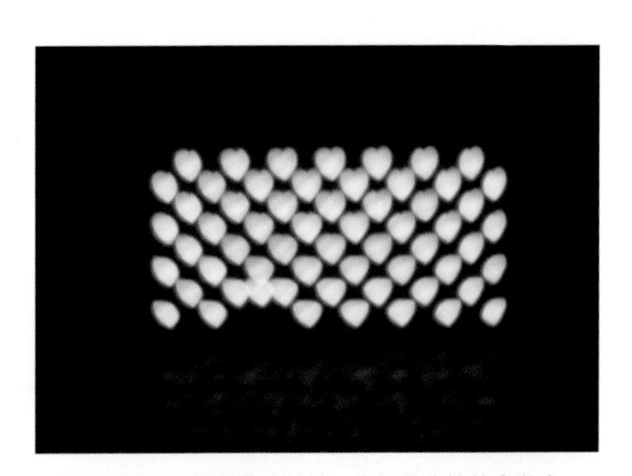

把小纸片覆盖在镜头前端，有趣的事情就会发生

需要注意的是，纸片中央剪出来的形状不能大于镜头的实际光圈大小，如果太大，就无法起到替代的作用，太小也不好，会降低太多的进光量，手持可能就不稳定，大家不妨自行尝试一下。当然了，除了桃心，你还可以使用其他各种形状，五角星什么的都是可以的。

试想一下，如果背景全是桃心，女生肯定很开心

4. 拍摄“朦胧美”人像

在很多同学追求画面极致清晰锐利的时候，也有一些摄影玩家喜欢“朦胧美”，尤其是对人像摄影而言，比如拍美女，太清晰会使其皮肤的瑕疵暴露出来，而朦胧美反而可以起到柔化皮肤的作用，还能让照片具备一些独特的氛围感。这种效果是怎么拍出来的呢？通常，你需要买一块柔光滤镜，但其实我们完全可以自己动手，用随处可见的工具，来达到柔光的目的。

拍得清晰往往意味着后期磨皮的工作量大

在镜头前覆盖上透明的保鲜膜或者塑料盖，就可以实现柔光效果

大家应该听过一个小技巧——在 UV 滤镜上面涂抹凡士林，就可以将其变成柔光滤镜。但这个操作其实还比较麻烦，高老师推荐两种更简单的方法：一种是在镜头前面蒙上一小块保鲜膜，效果就很好，如果柔光效果不明显，那就蒙上两层；另一种则是将透明塑料材质的酸奶盖盖在镜头前面，也可以实现独特的柔光效果。

不过需要注意的是，在镜头前面加上这些“柔光附件”，可能会引发对焦困难。给大家分享个小技巧，你先对好焦之后半按快门不松手，再把“柔光附件”放在镜头前面进行拍摄，就能解决对焦困难这个问题了。这个技巧很简单，而且几乎是零成本，大家不妨试试看。

5. 利用普通镜头拍摄超级微距

通常来说，如果想要把微小的物体拍得很大，我们就需要用到专业的微距镜头，比如佳能的 100mm F2.8 微距镜头（俗称“百微”），尼康的 105mm F2.8 微距镜头（俗称 105 微）或者索尼的 90mm F2.8 微距镜头吗，它们都能实现 1：1 的放大倍率，即能够在传感器上形成一个跟实物一样大的像。但如果你没有微距镜头，也想拍出特别“微”的效果，也是有办法的。

腾龙 35mm F1.8 VC 最近对焦距离的微距拍摄效果（放大倍率为 1 : 2.5）

镜头反接之后的微距拍摄效果（放大倍率估算约 1.5 : 1）

参考样本：佳能 100mm F2.8 微距镜头的最近距离拍摄效果（放大倍率为 1 : 1）

首先，你需要一颗广角镜头，套机镜头的广角端也可以，这里以腾龙 35mm F1.8 VC 这支镜头举例，在最近拍摄距离下，它的放大倍率肯定是不如微距镜头的，但是，如果我们把镜头从相机上取下来，通过反接的方式，用镜头前端盖住卡口，用镜头后端去拍摄，通过整体前后移动的方式去对焦，你会发现，以这种镜头反接的方式，就可以拍摄出放大倍率更大的微距照片，甚至比专业微距镜头的放大倍率更大。

不过，有一些注意事项需要提醒大家。首先请确认镜头在未安装到机身的状态下，光圈是全开的还是缩至最小的，比如佳能就是全开的，这个方法就可以适用；但尼康的镜头光圈是缩至最小的状态，这就不适用该方法，你需要去镜头卡口的位置找到一个小拨杆，那是控制光圈开合的，用一小段牙签可以卡住这里，实现让光圈全开的目的，再用这种镜头反接的方式进行拍摄。

尼康镜头的光圈默认处于缩小状态

这个拨杆可以控制光圈的开合，轻轻拨动试试看

另外，需要注意卡口不要划伤镜头前镜片，这就得不偿失了，想想都心痛。还有就是，你只能前后整体移动对焦，自动对焦是失效的。还有一个缺点是由于只能用最大光圈拍摄，所以景深也是比较浅的。如果你觉得这个方法不错，想要进一步了解，不妨去网上搜索近摄接圈、镜头反接环等产品，这些附件可以让你的拍摄变得更加简单可控。

6. 追随拍摄的技巧

很多同学提到抓拍运动物体，比如进行中的汽车，就会想到使用高速快门凝固瞬间，但这样的照片，汽车就像是停在那里静止不动一样，没有动感和速度感。想要表现运动物体的速度感，其实我们需要用比较慢的快门速度，通过追随拍摄的方式来实现。比如本页和下页的这两张照片，就使用了追随拍摄的技巧。

汽车看上去速度好快

慢门 + 追随拍摄可以突出动感

这两张照片都使用了相对较慢的快门速度 1/20s。试想一下，如果相机和镜头静止不动，得到的结果是背景的街道和建筑都是清晰的，但高速通过的车辆都是模糊的。这肯定不是我们想要的效果。但你看，高老师拍的这两张照片是反过来的，汽车是清晰的，街道和背景却都是模糊的，怎么做到的呢?

这需要换个角度看问题，如果你的镜头跟随汽车同步移动，并在这个过程中按下快门，汽车对于相机而言就是相对静止的，所以，拍出来就是清晰的，但由于你的镜头在移动，背景就会虚掉，原理就是这样。需要说明的是，追随拍摄的成功率其实还蛮低的，你拍 10 张，能得到一两张非常清晰的就已经很厉害了。大家不妨多多练习，提高拍摄成功率，并根据自己的需求，灵活调整快门速度。

——写在最后

能认真看到这里的同学都值得表扬，因为学习知识是没有捷径的，摄影也是不能速成的，我真诚地希望这本书对你有所帮助，摄影是一个很棒的爱好，如果本书真的能帮你踏入摄影之门，让你爱上摄影，我感到非常荣幸和开心。

在摄影的每个阶段，会遇到不同的困惑，初期大概是对器材的纠结；中期或许就开始追求更美的光影，并开始学习后期修图；如果更进一步，你会发现，于摄影而言，器材和技法，其实都不那么重要，最重要的是你的内在，比如你的审美水平、你的眼界、你的经历、你的眼力，甚至你是否拥有创造力。简单地说，对于初学者而言，摄影是一种技术、技能，但当你真正深入进去之后，你会发现，摄影，其实是一门艺术。

现在这个阶段，我们需要做的就是练好基本功，做到熟练驾驭器材，熟练掌控曝光，拍出“技术性”正确的照片。同时，要多看真正的大片，并且要深入进去研究：为什么这张照片好看，光影和构图是怎么样的，我能不能存到手机里，能不能模仿着拍一张一样的，等等。模仿是一种非常好的学习方式，大家不妨多多尝试。

至于未来的学习方向，高老师分享几点供大家参考：

（1）提升自己的审美，不然你拍出来的不会美；

（2）锻炼自己的眼力，在平凡的场景中发现美；

（3）多看优秀作品，学会分析好在哪，学经验；

（4）多拍，但不要瞎拍，按快门之前，先想好；

（5）少拍，不好的风景、不好的光影，不要拍；

（6）对于风光摄影玩家：去真正有风景的地方；

（7）对于人像摄影玩家：学闪光灯，掌控模特；

（8）学后期修图：拍出来的叫素材，不是作品。

大家不妨逐条思考，切记，未经思考的知识不是知识，一定要多多思考。

在本书中，高老师针对性的在某些章节植入了很多音频内容，如果大家没听过瘾，不妨去喜马拉雅 FM 搜索免费的音频全集。

还可以关注“蜂鸟微课堂”这个公众号，里面有大量免费及收费课程。

最后，欢迎大家关注我的微博（ID：高卓鹏），大家可以在微博上交作业让高老师给你点评哟。

——高老师的明星课程推荐：

除了这本书之外，高老师在网上还有很多课程，强烈推荐下面这两套零基础后期修图课程给现阶段的你，后期修图是摄影玩家必备技能。

· 摄影玩家必学的零基础入门后期课程（Lightroom）

拍出来的叫素材，只有经过后期润饰之后才能叫作品。提到后期修图，很多同学都脱口而出，Photoshop！其实这个认知是错误的，Lightroom 才是你应该学习和使用的软件，它专为摄影玩家打造，操作简单快捷，易学易上手，还能管理你的照片库。Lightroom 是照片整体影调、色彩相关的调整，可以理解为是胶片时代的暗房显影曝光操作。而 Photoshop 则更多是对照片的局部调整，包括增减元素、局部修改等。对于摄影玩家来说，Lightroom 的作用远远大于 Photoshop。

Lightroom 人像调色前后对比

Lightroom 风光调色前后对比

· 听得懂、学得会的零基础 Photoshop 后期课程（Photoshop）

Photoshop 是世界著名的图像处理和设计软件，主要的用户人群其实是设计师，而非摄影师。正因如此，大家往往觉得 Photoshop 好难学。其实，对于摄影玩家而言，我们只需要使用其 10% 的功能就可以了，完全没必要全方位学习。而这套零基础 Photoshop 后期课程正是为摄影玩家而量身定制，简单易上手，可以节省你的脑力和时间。

Photoshop 删减及更改元素（狗绳）

Photoshop 人像精修（液化瘦身）

Photoshop 后期合成（全景拼接及 HDR）

另外，如果你对闪光灯有强烈的兴趣，下面这两套课程也不要错过。第一套课程的前四节免费，大家不妨听听看。

· **全网独家的闪关灯入门课程（前四节免费）**

【全网独家课程】摄影是一门用光的艺术，那闪光灯就是让你玩转光影的道具。本套课程从零基础开始，讲解闪光灯的选购技巧、硬件知识、应用技巧、实战解析，让你从对闪光灯感到陌生、无法掌控，到能够全面了解、轻松驾驭。为你开启一个全新的摄影领域。

· **闪光灯进阶课程**

本套课程是《从零开始　玩转闪光灯》课程的加强版，蜂鸟微课堂首席讲师——高卓鹏，带你升级闪光灯玩儿法！不同数量的闪光灯配合，将会擦出什么别样火花？自然光和闪光灯的混合将出现什么样的化学变化？闪光灯和静物箱的结合又能打造出什么样的质感？